Food safety and Hygiene

食品安全・衛生学

宮田 恵多

編著

後藤　裕子

鈴木　智典

関戸　元恵

丹羽　光一

三浦紀称嗣

宮田　富弘

武藤　信吾

村松　朱喜

学 文 社

はじめに

　食事を必要とする人には，安全な食品が必要である。現在の食品の生産，製造，販売，消費までの過程（フードチェーン）は分業で行われており，これはすなわち多くの人がフードチェーンを支えていることになる。したがって，フードチェーンに関わる人が食品の安全に関する考え方が違っていては，フードチェーンは信頼できるものにならない。

　どのようなシチュエーションにおいても食品の安全に対するリスクが"ゼロ"になることはない。いくら食品の安全性を確保するために行政が優れたリスクアナリシスシステムや全ての食品製造工場にHACCP（原材料の入荷から製品の出荷に至るまでの全ての工程における危害要因の分析と管理）などのシステムを構築したとしても，不具合が生じる。それは，人はミスを犯す可能性があり，製造機器も故障することがあるからである。また，些細な不都合であったとしても，それが食中毒事件の入り口になる可能性がある。

　食品の安全性の確保には人の関与，意識（考え方）の変革が必要となる。食料自給率が低く，輸出入に頼らざるを得ない状況の我が国は，国際的な食品の安全性の動向にも目を向ける必要性があり，国内に限らず国外のフードチェーンの維持・発展への寄与が求められる。

　なお，本書の図表等作成のさいに参照したURLは，各章末に参考資料として一括記載してある。

　本書は，食品衛生に関わる全領域の内容を網羅しており，さまざまな領域の食の安全分野の教育で教科書あるいは食品衛生に興味のある一般消費者，食品製造に関わる方々にも理解しやすい参考書として活用していただけると幸いである。

　最後に，本書の出版にあたっては，株式会社学文社の田中千津子代表に多大なご尽力をいただいた。心より感謝とお礼を申し上げる。

2023年9月

編者　宮田　恵多

目　　次

1　食品衛生と法規

2　食品の変質

5　食品中の汚染物質

6　食品添加物

7　食品衛生管理

8　食品表示と規格基準

1 食品衛生と法規

1.1 食品衛生の概要

　長い歴史の中で食することのできる食べ物として我々は，食しても健康障害のないもの，あるいは健康障害の極めて少ないものと選別されたものを喫食している。ヒトは生命活動のために必要な栄養を食べ物から摂取するが，その食べ物が原因となって健康障害が起こっては元も子もない。したがって，食べ物は安全でなければならない。1955 年，世界保健機関（WHO：World Health Organization）は，「"食品衛生" とは，食品の生育，生産または製造からそれが最終的に消費されるまでの全工程において，食品の安全性（safety），有益性（wholesomeness），健全性（soundness）を保つために必要なすべての手段を意味する」と定義している。日本では，飲食に起因する衛生上の危害の発生を防止し，国民の健康の保護を図ることを目的とした食品衛生法が1947 年に成立した。

1.2 食べ物に関与するさまざまな法律

　食品の安全に対して取り締まり権限を持つ**食品衛生法**が 1947 年に制定され，翌年の 1948 年に施行された。この法律で食品衛生とは，「食品，添加物，器具及び容器包装を対象とする飲食に関する衛生をいう」と定義し，その時々に発生した食中毒事件に対して予防や防止の対策を講じるために頻繁な改正が実施されている。2001 年に日本国内で飼育された牛が**牛海綿状脳症***（BSE）であると確認された。日本国内ではじめての BSE 発症をうけ，国民の食生活を取り巻く環境の変化に適確に対応し，食品の安全性の確保に関する施策を総合的に推進することを目的とした**食品安全基本法**（内閣府所管）が 2003 年に制定された。さらに，国民の栄養改善や健康の増進により国民保健の向上を図ることを目的とした**健康増進法**（厚生労働省所管）が 2002 年，食育推進を目的とした**食育基本法**（農林水産省所管）が 2005 年に制定され，食に関する法律が相次いで成立した。また，食用に供するための食肉，食鳥処理の適正確保のため，獣畜（ウシ，ウマ，ブタ，めん羊およびヤギ）については**と畜場法**（厚生労働省所管，1953 年），鶏については**食鳥処理法**（厚生労働省所管，1990 年）が存在している。食品衛生法，農林物資の規格化等に関する法律（JAS 法）および健康増進法の 3 つの法律の食品表示に関わる規定を一元化した**食品表示法**（内閣府所管）が 2015 年に施行された。このように，さまざ

*BSE は牛の病気の 1 つで，BSE プリオンと呼ばれるタンパク質性の感染因子が感染することで発症する。プリオンが牛に感染すると，牛の脳組織の海綿（スポンジ）状変性が起こり異常行動，運動失調などを示し，死亡するとされている。

1

まな法律によって我々が食する食べ物の安全性は確保されている。

さまざまな法律が食べ物の安全を支えているが，さらに法律を適正に運用するために政令，省令により内容が規定されている。食中毒事件の調査を行う場合の規定を例に挙げると，

・食品衛生法：第63条により「保健所長は，前項の届出を受けたときその他食中毒患者等が発生していると認めるときは，速やかに都道府県知事等に報告するとともに，政令で定めるところにより，調査しなければならない」と規定されている。

・食品衛生法施行令（政令）：第36条により，保健所長が行うべき調査は，疫学的調査，中毒の原因と思われる食品等についての微生物学的若しくは理化学的試験又は動物を用いる試験による調査と記載されている。

・食品衛生法施行規則（省令）：第75条では，食中毒事件が起きた際に自治体が厚生労働大臣へ報告すべき事項の詳細が記載されている。

また，地方自治体の定める条例，国の定めるガイドライン，業界が自主的に定める独自の基準等の運用により食品の安全性は確保されている。

1.3　食品の安全性の確保に関するリスク分析（リスクアナリシス）[1]

食品にはヒトが必要とする栄養成分だけでなく，ヒトの健康を害する可能性のある物質（食中毒を引き起こす微生物，化学物質等）も含まれている。このような物質を**危害要因（ハザード）**[2]といい，健康障害が起こる可能性をリスクという。どんな食品であっても危害要因を完全に除くことは困難であるため，食品を摂取する限りリスクがなくなることはない。そこで，食品の摂取による健康障害を未然に防ぎ，リスクを最小限にすることを重点におく食品の**リスク分析（リスクアナリシス）**の考え方が導入された。リスク分析は，リスクを科学的に評価（**リスク評価：リスクアセスメント**），適切な管理（**リスク管理：リスクマネージメント**）および一般消費者と関係者のリスク情報共有・意見交換・情

*1 リスクアナリシス　問題発生を未然に防止したり，悪影響の起きる可能性（リスク）を低減するための枠組み。

*2 危害要因　食品に含まれるヒトの健康を害する可能性のある物質（危害要因）は，生物学的ハザード（感染性細菌など），化学的ハザード（環境汚染物質など），物理的ハザード（金属片など）の3つに大別される（p.107　7章「表7.1 危害要因（ハザード）の分類・内要」を参照）。

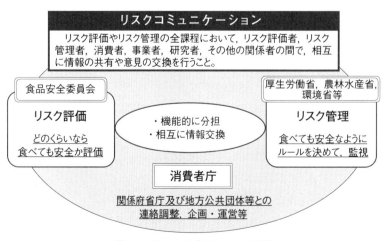

図1.1　リスク分析の3つの要素

報公開（リスクコミュニケーション）の3要素から構成されている（**図1.1**）。

1.3.1　リスクアセスメント（リスク評価）

食品中に含まれる危害要因（添加物，農薬および微生物等）がヒトの健康に与える影響について科学的に評価することをいう。

リスク評価は，内閣府に設置された食品安全委員会が実施している。食品安全委員会はリスク管理機関（厚生労働省，農林水産省および消費者庁など）から評価の要請を受ける，あるいは食品安全委員会が必要に応じて，科学的根拠に基づいた客観的なリスク評価を行っている。

1.3.2　リスク管理

リスク評価の結果等に基づき，食品中に含まれる危害要因（添加物，農薬および微生物等）を組織的に管理し，健康障害の回避，低減をはかる行為のことをいう。

リスク管理は，厚生労働省，農林水産省，消費者庁，地方公共団体等により実施されている。厚生労働省は「食品衛生法」等の法律を用いた食品のリスク管理，農林水産省は「農薬取締法」，「飼料安全法（飼料の安全性の確保及び品質の改善に関する法律）」等を用いて農畜水産物のリスク管理を実施している。リスク管理機関により施行されている規定の妥当性は，食品安全委員会（リスク評価）が評価している。

1.3.3　リスクコミュニケーション

リスクコミュニケーション[*]は，リスク分析の全ての過程で，リスク管理機関，リスク評価機関，消費者・事業者等の利害関係にある者がそれぞれの立場から意見を交換することをいう。

1.4　食品衛生法と食品安全基本法

1.4.1　食品衛生法

(1) 食品衛生法の目的

食の安全を確保するため，**食品衛生法**は1948年に施行された。食品衛生法は，「食品の安全性の確保のために公衆衛生の見地から必要な規制その他の措置を講ずることにより，飲食に起因する衛生上の危害の発生を防止し，もつて国民の健康の保護を図ることを目的とする」と記載されている（第1条）。食品衛生法は，科学技術の発展および生活の変化に伴い食中毒の予防や防止の対策を講じるために頻繁な改正が実施されている。

(2) 用語の定義

食品衛生法では，「食品とは，全ての飲食物をいう。ただし，医薬品，医療機器等の品質，有効性及び安全性の確保等に関する法律（昭和35年法律145号）に規定する医薬品，医薬部外品及び再生医療等製品は，これを含ま

[*] リスクコミュニケーション
リスク管理機関，リスク評価機関，消費者・事業者等でのリスクコミュニケーションを難しくしている要因には，①リスク認知の開き（未知のもの，情報が少ないもの，あるいはよく理解できないものに対して実際のリスクよりも大きく感じられる等），②消費者の食品の安全性についての思い込み（自然由来の物質は安全で合成化学物質は危険，ごく微量でも有害な物質が含まれていたら危険），が挙げられる。

ない」と記載されている（第4条）。

　添加物とは，食品の製造の過程において又は食品の加工若しくは保存の目的で，食品に添加，混和，浸潤その他の方法によって使用する物をいう。**天然香料**とは，動植物から得られた物又はその混合物で，食品の着香の目的で使用される添加物をいう。

　器具とは，飲食器，割ぽう具その他食品又は添加物の採取，製造，加工，調理，貯蔵，運搬，陳列，授受又は摂取の用に供され，かつ，食品又は添加物に直接接触する機械，器具その他の物をいう。ただし，農業及び水産業における食品の採取の用に供される機械，器具その他の物は，これを含まない。

　容器包装とは，食品又は添加物を入れ，又は包んでいる物で，食品又は添加物を授受する場合そのままで引き渡すものをいう。

　食品衛生とは，食品，添加物，器具及び容器包装を対象とする飲食に関する衛生をいう。

（3）食品および添加物の販売

　食品衛生法では，「販売（不特定又は多数の者に対する販売以外の授与を含む。）の用に供する食品又は添加物の採取，製造，加工，使用，調理，貯蔵，運搬，陳列及び授受は，**清潔で衛生的***に行われなければならない」としている（第5条）。また，以下のように「次に掲げる食品又は添加物は，これを販売し（不特定又は多数の者に授与する販売以外の場合を含む），又は販売の用に供するために，採取し，製造し，輸入し，加工し，使用し，調理し，貯蔵し，若しくは陳列してはならない」としている（第6条）。

a．腐敗し，若しくは変敗したもの又は未熟であるもの。ただし，一般に人の健康を損なうおそれがなく飲食に適すると認められているものは含まれない。

b．有毒な，若しくは有害な物質が含まれ，若しくは付着し，又はこれらの疑いがあるもの。ただし，人の健康を損なうおそれがない場合として厚生労働大臣が定める場合は除外される。

c．病原微生物により汚染され，又はその疑いがあり，人の健康を損なうおそれがあるもの。

d．不潔，異物の混入又は添加その他の事由により，人の健康を損なうおそれがあるもの。

（4）新規の食品の販売

　新たな添加物，新規開発食品の販売に関し，食品衛生法には，「厚生労働大臣は，一般に飲食に供されることがなかった物であって人の健康を損なうおそれがない旨の確証がないもの又はこれを含む物が新たに食品として販売され，又は販売されることとなった場合において，食品衛生上の危害の発生

＊清潔で衛生的　清潔とは，「汚れがなく，綺麗な状態」といったように汚い部分がなく，人に良い印象を与える様子のことであり，感覚的なことを指す。衛生的とは科学的な根拠に基づいた客観的な数値，手段の基準が定められた状態のことを指す。

4

を防止するため必要があると認めるときは，薬事・食品衛生審議会の意見を聴いて，それらの物を食品として販売することを禁止することができる」と記載されている（第7条）。

(5) 指定成分等含有食品の届出

いわゆる「健康食品」について，規格基準の設定や個別の製品の許可・認証等の事前規制がないため，健康被害事例が発生する可能性を否定することができない。しかし，2017年以前の食品衛生法はいわゆる「**健康食品**」*による健康被害に適応していなかった。いわゆる「健康食品」による健康被害を未然に防止するために，法的措置による規制の強化も含めた実効性のある対策を実行するため，2018年に食品衛生法の第8条が新設された。「食品衛生上の危害の発生を防止する見地から特別の注意を必要とする成分又は物であって，厚生労働大臣が薬事・食品衛生審議会の意見を聴いて指定したものを含む食品を取り扱う営業者は，その取り扱う指定成分等含有食品が人の健康に被害を生じ，又は生じさせるおそれがある旨の情報を得た場合は，当該情報を，厚生労働省令で定めるところにより，遅滞なく，都道府県知事，保健所を設置する市の市長又は特別区の区長に届け出なければならない」としている（第8条）。

(6) 食肉の販売

「獣畜の肉，骨，乳，臓器及び血液又は第二号若しくは第三号に掲げる疾病にかかり，若しくはその疑いがあり，第二号若しくは第三号に掲げる異常があり，又はへい死した家きん（食鳥処理の事業の規制及び食鳥検査に関する法律（平成二年法律第七十号）第二条第一号に規定する食鳥及び厚生労働省令で定めるその他の物をいう。以下同じ）の肉，骨及び臓器は，厚生労働省令で定める場合を除き，これを食品として販売し，又は食品として販売の用に供するために，採取し，加工し，使用し，調理し，貯蔵し，若しくは陳列してはならない」（第10条）。獣畜は，ウシ，ウマ，ブタ，めん羊およびヤギをさす。

1.4.2 食品安全基本法

(1) 食品安全基本法の目的

2003年，食品安全行政にリスクアナリシス（リスク分析）の考えを導入した**食品安全基本法**が成立した。食品安全基本法は，食品の安全性を確保することで「国民の健康の保護が最も重要」という基本理念を定め，国，地方公共団体，食品関連事業者の責務や消費者の役割を明らかにするとともに，施策の策定に係る基本的な方針を定めることにより，食品の安全性の確保に関する施策を総合的に推進することを目的としている（第1条）。

(2) 食品安全基本法の「食品」の定義

食品安全基本法では，「食品」とは，「全ての飲食物（医薬品，医療機器等

*健康食品 「健康食品」と呼ばれるものは，法律上の定義はなく，医薬品以外で経口的に摂取される，ヒトの健康の保持・増進に役立つことをうたって販売，そのような効果を期待して摂られている食品全般を指す。その中で，国が定めた安全性や有効性に関する基準等を満たすものを保健機能食品（機能性表示食品，栄養機能食品および特定保健用食品）と呼ぶ（p. 139 8章「8.7 健康や栄養に関する表示制度」を参照）。

の品質，有効性及び安全性の確保等に関する法律に規定する医薬品，医薬部外品及び再生医療等製品を除く）」と定義している（第2条）。

（3）食品供給行程の各段階における適切な措置

食品安全基本法では，「農林水産物の生産から食品の販売に至る一連の国の内外における食品供給の行程におけるあらゆる要素が食品の安全性に影響を及ぼすおそれがあることにかんがみ，食品の安全性の確保は，このために必要な措置が食品供給行程の各段階において適切に講じられることにより，行われなければならない」としている（第4条）。

（4）国民の健康への悪影響の未然防止

食品安全基本法では，「食品の安全性の確保は，このために必要な措置が食品の安全性の確保に関する国際的動向及び国民の意見に十分配慮しつつ科学的知見に基づいて講じられることによって，食品を摂取することによる国民の健康への悪影響が未然に防止されるようにすることを旨として，行われなければならない」としている（第5条）。

（5）国，地方公共団体および食品関連事業者の責務および消費者の役割

国は，「前三条に定める食品の安全性の確保についての基本理念にのっとり，食品の安全性の確保に関する施策を総合的に策定し，及び実施する責務を有する」と記載されている（第6条）。

地方公共団体は，「基本理念にのっとり，食品の安全性の確保に関し，国との適切な役割分担を踏まえて，その地方公共団体の区域の自然的経済的社会的諸条件に応じた施策を策定し，及び実施する責務を有する」と記載されている（第7条）。

食品関連事業者は，「肥料，農薬，飼料，飼料添加物，動物用の医薬品その他食品の安全性に影響を及ぼすおそれがある農林漁業の生産資材，食品（その原料又は材料として使用される農林水産物を含む）若しくは添加物（食品衛生法）又は器具若しくは容器包装の生産，輸入又は販売その他の事業活動を行う事業者は，基本理念にのっとり，その事業活動を行うに当たって，自らが食品の安全性の確保について第一義的責任を有していることを認識して，食品の安全性を確保するために必要な措置を食品供給行程の各段階において適切に講ずる責務を有する」と記載されている（第8条）。

消費者は，「食品の安全性の確保に関する知識と理解を深めるとともに，食品の安全性の確保に関する施策について意見を表明するように努めることによって，食品の安全性の確保に積極的な役割を果たすものとする」と記載されている（第9条）。

（6）食品安全委員会

「内閣府に，食品安全委員会を置く」と記載されている（第22条）。食品

安全委員会は，国民の健康の保護が最も重要であるという基本的認識の下，規制や指導等のリスク管理を行う関係行政機関から独立して，科学的知見に基づき客観的かつ中立公正にリスク評価を行う機関である。食品安全委員会は7名の委員から構成され，その下に16の専門調査会が設置されている。専門調査会は，企画等専門調査会に加え，添加物，農薬，微生物といった危害要因ごとに15の専門調査会が設置されている。また，事務局は，事務局長，次長，総務課，評価第一課，評価技術企画室，評価第二課，情報・勧告広報課，リスクコミュニケーション官，評価情報分析官から構成されている。

1.5　その他の食に関する関連法規

健康増進法（2002年制定）は，厚生労働省が所管している。本法律は，「我が国における急速な高齢化の進展及び疾病構造の変化に伴い，国民の健康の増進の重要性が著しく増大していることにかんがみ，国民の健康の増進の総合的な推進に関し基本的な事項を定めるとともに，国民の栄養の改善その他の国民の健康の増進を図るための措置を講じ，もって国民保健の向上を図ることを目的とする」と記載されている（第1条）。特別用途食品の表示等（第43条）が規定されている。

食育基本法（2005年制定）は，2015年から農林水産省が所管している。本法律は，「近年における国民の食生活をめぐる環境の変化に伴い，国民が生涯にわたって健全な心身を培い，豊かな人間性をはぐくむための食育を推進することが緊要な課題となっていることにかんがみ，食育に関し，基本理念を定め，及び国，地方公共団体等の責務を明らかにするとともに，食育に関する施策の基本となる事項を定めることにより，食育に関する施策を総合的かつ計画的に推進し，もって現在及び将来にわたる健康で文化的な国民の生活と豊かで活力ある社会の実現に寄与することを目的とする」（第1条）と記載されている。本法律により，国民の健全な食生活を実現するための食育推進が実施されている。

と畜法（1953年制定）および**食鳥処理法**（1990年制定）は，厚生労働省が所管している。と畜法は獣畜（ウシ，ウマ，ブタ，めん羊およびヤギ），食鳥処理法は食鳥肉（鶏，アヒル等）の食用に供するための食肉処理の適正確保のための法律である。

日本農林規格等に関する法律（JAS法，1950年制定）は，農林水産省が所管している。一定の品質や特別な生産方法で飲食料品等が作られていることを保証する「JAS規格制度」（任意の制度）に関するものである。

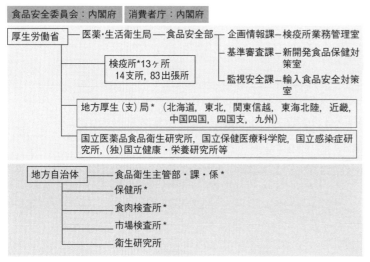

食品安全委員会：内閣府　　消費者庁：内閣府

厚生労働省 ── 医薬・生活衛生局 ── 食品安全部 ┬ 企画情報課 ── 検疫所業務管理室
　　　　　　　　　　　　　　　　　　　　├ 基準審査課 ── 新開発食品保健対策室
　　　　　　　　　　　　　　　　　　　　└ 監視安全課 ── 輸入食品安全対策室
　　　　　├ 検疫所*13ヶ所
　　　　　│ 14支所, 83出張所
　　　　　├ 地方厚生 (支) 局* （北海道, 東北, 関東信越, 東海北陸, 近畿, 中国四国, 四国支, 九州）
　　　　　└ 国立医薬品食品衛生研究所, 国立保健医療科学院, 国立感染症研究所, (独)国立健康・栄養研究所等

地方自治体 ┬ 食品衛生主管部・課・係*
　　　　　　├ 保健所*
　　　　　　├ 食肉検査所*
　　　　　　├ 市場検査所*
　　　　　　└ 衛生研究所

*食品衛生監視員が職員として働いている部署

図1.2　食品衛生に関する行政組織

1.6　食品衛生行政組織

食品衛生行政は，図1.2に示すように内閣府の食品安全委員会（リスク評価）と厚生労働省（リスク管理）が主となって実施されている。

食品安全委員会は，「食品の安全性確保において国民の健康保護が最も重要である」ことを基本とした認識のもと，科学的判断に基づき，一貫性，公正性，客観性および透明性のあるリスク評価を実施している。食品安全委員会によるリスク評価は，ハザード（危害要因）の特定，ハザードの特性評価，ばく露評価およびリスクの判定の4段階を基本としている。

厚生労働省は，リスク管理機関として，食品衛生法に基づき，食品，添加物および食品に残留する農薬等の規格・基準の制定を実施している。また，その基準が守られているかの監視等を実施している。厚生労働省医薬食品局食品安全部と検疫所，地方自治体が監視・指導を実施している。

1.7　国際機構

1.7.1　世界保健機関（WHO）

世界保健機関（World Health Organization）は「全ての人々が可能な最高の健康水準に到達すること」を目的として設立された国連の専門機関である。1948年4月7日に設立してから全世界の人びとの健康を守るため，広範な活動を実施している。日本は1951年から加盟し，現在の加盟国は194ヵ国となっている。WHOは食品衛生を「食品・食糧の生育・栽培，生産，製造から最終的にヒトが摂取するまでの間のあらゆる段階において，その安全性，健全性および変質防止を確保するためのすべての手段をいう」と定義している。

1.7.2　国連食糧農業機関（FAO）

国連食糧農業機関（Food and Agriculture Organization of the United Nations）は，国連システムの中にあって食料の安全保障と栄養，作物や家畜，漁業と水産養殖を含む農業，農村開発を進める先導機関で，1945年10月16日に設立された。FAOは，「世界各国国民の栄養水準及び生活水準の向上」，「食料及び農産物の生産及び流通の改善」，「農村住民の生活条件の改善」の施策を通

じた世界経済の発展及び人類の飢餓からの解放を目的とした組織である。日本は，1951年に加盟し，現在194ヵ国が加盟している。FAOの本部はイタリア，ローマに置かれている。

1.7.3　コーデックス委員会 (Codex Alimentarius Commission)

1963年にWHOとFAOが合同で設置した国際的な政府間機関である。この機関の目的は，消費者の健康の保護，食品の公正な貿易の確保等で，国際食品規格（コーデックス規格）の制定等を実施している。日本は，1966年に加盟し，現在188カ国が加盟している。Codex委員会には，総会，執行委員会，一般問題部会，個別食品部会，特別部会，地域調整部会が設置されている（図1.3）。

1.8　輸入食品の安全性
1.8.1　食料需給の現状と輸入食品

わが国の食料自給率は供給熱量ベース（カロリーベース）で37%しかなく，食料の多くを輸入食品に依存している現状にある（図1.4）。一方，世界的な食料需給は，人口増加，経済発展，気候変化，感染症の蔓延，家畜感染症・農作物病害虫などの多くの要因によって変動するリスクがある。安定的な食料供給を確保するには多国間との貿易に頼らざるをえず，食品の生産地等の多国籍化（食のグローバル化）が進んでいる。それゆえ，安定的かつ安全に食料を確保するためには，輸入食品の安全性をどう確保するかは重要な課題となっている。また，国際貿易が広

（　）内は議長国，*は現在休会中，**は名称変更，再登録された部会

図1.3　コーデックス委員会組織図

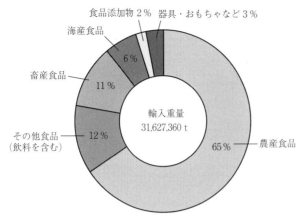

食品添加物 2％ 器具・おもちゃなど 3％

海産食品

畜産食品

その他食品
（飲料を含む）

輸入重量
31,627,360 t

6 ％

11 ％

12 ％

65 ％ ── 農産食品

出所）厚生労働省医薬・生活衛生局食品監視安全課：知りたい輸入食品（2022）

図1.4　食品等の輸入の状況（2021 年）

がるにつれて，各国の食品に関する規格・基準の違いが貿易障壁となり，国間の利害関係が生じることがある。

わが国は，WHO や FAO，コーデックス委員会に加盟し，国際間で生じる食料需給や食品安全に関わる諸問題の解消に取り組んでいる。

1.8.2　輸入食品の安全性確保対策
（1）食品の輸出国対策

食品安全基本法に基づいて，農水産物の生産から食品への加工，販売までの食品供給行程の段階ごとに，食品の安全性確保に必要な措置がとられている。

例えば，輸出国での生産から輸入後の国内流通までの各段階において，以下のような当該国における衛生管理対策が図られている。

○海外の生産者等に対するわが国の食品安全規制に関する情報提供

○輸出国政府との二国間協議や現地調査

○輸出国への技術協力等

さらに，安全性に関してリスクが高い国や地域で製造された食品や添加物については，輸入等を禁止する措置をとることができる（**食品衛生法第 17 条**）*。違反の可能性が高く，検査を強化している輸入食品については，輸出国政府に対して違反原因の究明と再発防止対策の確立を要請し，二国間協議や現地調査を通じて，輸出国内で安全管理をできるように生産現場での適正な管理，政府による監視体制の強化や輸出前検査の実施等の推進を図っている。

* **食品衛生法第 17 条**　法違反の食品等が相当程度（検査件数に対する違反率が概ね 5 ％以上）あり，生産地や製造地での食品衛生管理の状況等から推察して危害発生の防止の必要があると認められた場合。

（2）輸入食品の検査・監視体制

輸入される食品（添加物，器具・容器包装および指定おもちゃを含む）については，国内品と同様に食品衛生法の基準・規格を適用して検査や違反に対する措置がとられている。食品輸入者には，輸入届出の義務が課せられている。輸入者は自らが輸入しようとする食品の安全性の確保と食品衛生法との適合を確認したうえで，輸入届出しなければ，食品等の販売等はできない（食品衛生法第 27 条）。輸入食品の監視と検査は，検疫所で行われている。検疫所は全国の主要な海港・空港に，本所，支所，出張所をあわせて 110 ヵ所あり，約 400 名の食品衛生監視員が輸入食品の衛生監視業務を担っている。

検疫所では，食品衛生監視員が輸入食品等届出書と関係書類について，以下のような内容を確認し，食品衛生法に適合した食品等であるかを審査する。

・製造基準に適合しているか／・添加物の使用基準は適切であるか／・有

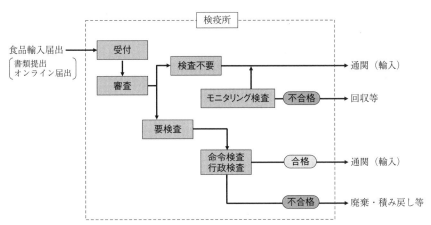

出所）厚生労働省：食品衛生に基づく輸入手続きについて「図 食品等の輸入届出の流れ」をもとに筆者作成

図 1.5 輸入食品などの監視および検査の概要

毒物質や有害物質の含有の有無／・過去に衛生上の問題があった製造者（製造所）であるか

　審査や検査の結果，適合（合格）した食品等のみが輸入される。検査による確認が必要と判断されたものについては，違反の可能性に応じて検査命令あるいは行政検査等を実施する。不合格の場合は，廃棄や積み戻し等の措置がとられる。さらに，違反の可能性が低い食品については**モニタリング検査*** を行い，多種多様な輸入食品を幅広く監視している（**図 1.5**）。

（3）輸入後の対応（国内対策）

　輸入後の国内流通段階においては，都道府県等（保健所を設置する市および特別区を含む）が，店舗等で販売されている輸入食品について，病原微生物，残留農薬，食品添加物を検査するなどの監視指導を行っている。違反が発見された場合には，厚生労働省，検疫所，都道府県等が連携し，輸入者による回収等が適確かつ迅速に行われるようになっている。

（4）輸入食品の食品衛生法違反事例

　2021 年度の輸入届出件数は約 246 万件であった。このうち約 20 万件について検査し，809 件（違反率 0.03％）が食品衛生法違反として，積み戻しや廃棄等の措置がとられた。違反事例では，カビ毒等の有毒・有害物質の含有などの違反や，残留農薬，動物用医薬品，微生物等の違反が多い。

＊モニタリング検査 検査項目は，カビ毒，添加物，残留農薬，残留動物用医薬品，病原微生物，大腸菌群等の成分規格，安全性未審査の遺伝子組換え食品の使用の有無，許可されていない放射線照射の有無など。

【参考資料】

外務省：国際連合食糧農業機関（FAO）の概要
　https://www.mofa.go.jp/mofaj/gaiko/fao/gaiyo.html（2022.11.5）
厚生労働省
　https://www.mhlw.go.jp（2022.11.5）

厚生労働省：リスクコミュニケーションとは？

　https://www.mhlw.go.jp/stf/seisakunitsuite/bunya/kenkou_iryou/shokuhin/syokuchu/
　01_00001.html（2022.11.5）

厚生労働省：指定成分等含有食品に係る制度の概要

　https://www.mhlw.go.jp/content/12401000/000843609.pdf（2022.11.5）

消費者庁：食品安全に関する取組

　https://www.caa.go.jp/policies/policy/consumer_safety/food_safety/（2022.11.5）

食品安全委員会

　https://www.fsc.go.jp/（2022.11.5）

食品安全委員会：食品安全委員会とは

　https://www.fsc.go.jp/iinkai/（2022.11.5）

食品安全委員会：食品安全委員会の基本姿勢

　https://www.fsc.go.jp/iinkai/kihonshisei.html（2022.11.5）

食品衛生法

　https://elaws.e-gov.go.jp/document?lawid=322AC0000000233（2022.11.5）

農林水産省：『令和3年度食料・農業・農村白書』

　https://www.maff.go.jp/j/wpaper/w_maff/r3/pdf/zentaiban.pdf（2022.11.5）

演習問題

問1　食品安全委員会に関する記述である。最も適当なのはどれか。1つ選べ。

（第35回管理栄養士国家試験）

(1) 農林水産省に設置されている。

(2) 食品衛生法により設置されている。

(3) 食品に含まれる有害物質のリスク管理を行う。

(4) 食品添加物の一日摂取許容量（ADI）を設定する。

(5) リスクコミュニケーションには参加しない。

解答　（4）

p. 2「1.3 食品の安全性の確保に関するリスク分析（リスクアナリシス）」, p. 7「(6) 食品安全委員会」を参考

問2　食品衛生法に関する記述である。正しいのはどれか。1つ選べ。

（第34回管理栄養士国家試験）

(1) 食品衛生とは，食品，医薬部外品，器具および容器包装を対象とする飲食に関する衛生をいう。

(2) 天然香料とは，動植物から得られた物又はその混合物で，食品の着香の目的で使用される添加物をいう。

(3) 農林水産大臣は，販売の用に供する食品の製造や保存の方法につき基準を定めることができる。

(4) 乳製品の製造又は加工を行う営業者は，その施設ごとに食品衛生監視員を置かなければならない。

(5) 食中毒患者を診断した医師は，直ちに最寄りの検疫所長にその旨を届け出なければならない。

解答　（2）

pp. 3-5「1.4.1 食品衛生法」を参考

2 食品の変質

2.1 食品の変質とは

食品はさまざまな成分によって構成されており，微生物の作用や物理・化学的な作用によって成分に変化が起こる場合がある。食品の変質が起こる要因や機序を理解し，その防止方法を理解することは重要である。

2.1.1 変質とは

食品の変質とは，食品の外観や内容が劣化し，食に適さなくなる現象のことをいう。変質を起こす原因としては，微生物や酵素，光，酸素などがある。変質により可食性が失われることを腐敗という。これに対し，発酵は，食品中の成分が微生物により有益な物質が生成される場合をいう。一般的に食品はタンパク質や糖質，脂質などの複数の成分を含有しており，腐敗や変敗を明確に区別するのは難しい。

2.1.2 腐敗，酸化，酸敗

(1) 微生物による変質（腐敗）

食品中のタンパク質 が微生物の作用により悪臭や有害物質を生成して，可食性を失うことを腐敗という。食品に付着した微生物が食品成分を栄養素として増殖し，腐敗が起こる。腐敗現象では主にタンパク質，アミノ酸などの窒素化合物が分解を受け，アンモニア，硫化水素，メルカプタン，アミン類などの有害物質が生成する*。

(2) 酸　　敗

脂質や脂質を多く含む食品は光などの影響を受け，空気中の酸素によって酸化し，品質の劣化や有毒成分の発生が起こる。また炭水化物は微生物によって分解され，酸が生成する。このような油脂食品や炭水化物性食品が変質することを酸敗（あるいは変敗）という。

2.2 微生物による変質

食品の変質とは，食品成分が微生物や化学物質や温度や紫外線などの要因により変化して，可食に適さなくなることである。微生物のもつタンパク質分解酵素によりタンパク質が低分子窒素化合物へと分解され悪臭や有害物質が生じる反応のことを腐敗という。食品成分の炭水化物や脂質が微生物脂質では大気中の酸素や紫外線，その他の作用で変質することを変敗という。特に油脂が酸化され食に適さなくなることを，酸敗という。また食品成分が微

*腐敗と発酵　どちらも微生物が食品で増殖することで起こる。人にとって有害あるいは過食性が低下する場合は腐敗といい，有用であれば発酵という。すなわち，人の判断の要素が強い。例えば，納豆を好んで食べる人にとっては，納豆は発酵食品であるが，納豆の匂いや味を好まない人にとっては，納豆は腐敗食品という判断になる。

生物により，アルコールや有機酸といった有用物へと生産される場合には，発酵といい腐敗や変敗とは区別される。

2.2.1　変質に関わる微生物

一般的に食品の変質に関わる微生物は細菌である。これらの細菌の増殖条件として温度，水素イオン濃度（pH），酸素，水分活性などがある。変質に関わる細菌の生育最適 pH は 6〜7 である。乳酸菌は pH 5 以下でも増殖するものがある。

2.2.2　微生物の基礎

変質の初期には食品自体がもつタンパク質分解酵素によりタンパク質がペプチドやアミノ酸に分解される自己消化が起こる。さらにアミノ酸は細菌のもつ脱アミノ化酵素や脱炭酸酵素により二酸化炭素やアンモニアを脱離して，ギ酸，酢酸，酪酸などは悪臭や異味の原因となる。

魚介類の変敗では，海水由来の細菌によりアンモニア，ジメチルアミン，トリメチルアミンなど揮発性塩基窒素（Volatile basic nitrogen）が生成される。窒素化合物の生成は鮮度判定の指標の1つとなる。またエイやサメなどの板鰓類では，ウレアーゼを持つ細菌により尿素が分解されて，新鮮なものでもアンモニア含量が多くなることがある。

腐敗細菌のアミノ酸の脱炭酸反応によりヒスタミンやカダベリンなどの不揮発性腐敗アミンが生産される。ヒスチジンから生産されるヒスタミンは食品アレルギーとの関係が深い。

魚介類，肉類に含まれる ATP は死後時間経過に伴いイノシン酸へと分解され熟成されうま味となる。さらに時間経過するとイノシン，ヒポキサチンといった悪臭物質へと変化する。

2.3　化学的変質

食品の変質は微生物によるものが大部分であるが，貯蔵中に起こる化学変化や空気中の酸素との反応（酸化）が変質の原因となる。酵素による反応，褐変反応，油脂の酸化反応などがある。食品衛生上，油脂や油脂を多く含む食品の変質は非常に重要である。

2.3.1　自己消化

生物が死んだ後，死後硬直を経ると生物自身が保有している内在性の酵素によってタンパク質，炭水化物および脂質などが分解され軟化する現象を自己消化という。自己消化が進むにつれて付着していた微生物が生成した分解物を利用し増殖し，さらに腐敗が進む。一般的に魚介類の自己消化は肉類やその他の食品に比べて非常に速い。

2.3.2　酵素的褐変

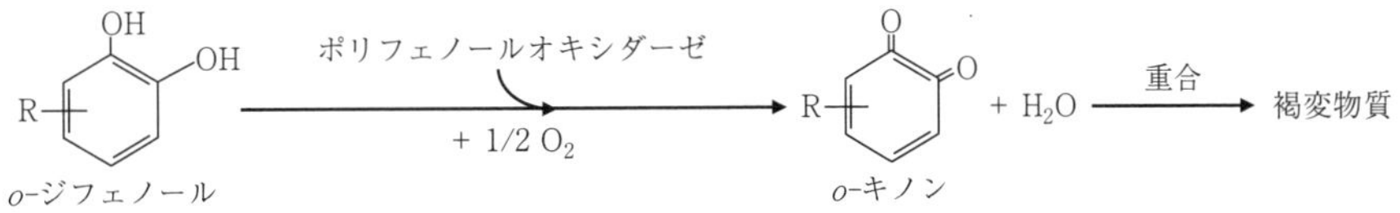

果物や野菜の皮を剥いた状態で放置すると，細胞中に存在するポリフェノール類がポリフェノール

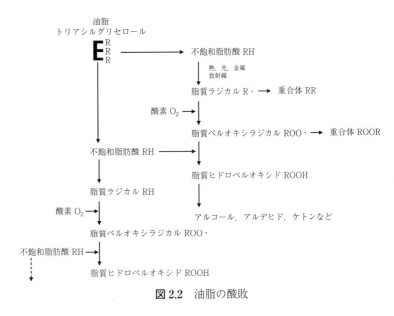

図 2.1　酵素的褐変反応

オキシダーゼの作用によって黒ずんだり褐色化したりする。褐変に関与する酵素にはカテコールオキシダーゼ，ラッカーゼ，チロシナーゼなどがある。酵素的褐変は特に生鮮食品の加工および調理や保存上とても重要である。防止方法としてブランチング（加熱処理による酵素の失活化）や酵素阻害剤，還元剤の添加などがある（図2.1）。

2.3.3　非酵素的褐変

酵素が関与しない褐変反応を非酵素的褐変という。アミノカルボニル反応（メイラード反応）やカラメル化反応などがある。アミノカルボニル反応は食品中のアミノ基をもつ化合物（アミノ化合物）とカルボニル基をもつ化合物（カルボニル化合物）との間に起こる反応である。この反応機構は一般的に，初期，中期，終期の3段階の反応からなり，最終生成物としてメラノイジンという褐色物質が生成される。アミノカルボニル反応はパンや醤油などの食品の嗜好性を高めることに関与する。一方で，タンパク質の栄養価の低下や好ましくない着色，においの発生など食品の劣化につながることもある。

2.3.4　油脂の酸化

油脂や油脂を多く含む食品は酸素，光，熱，金属，酵素などの影響により異臭，着色，粘度の増加などの劣化が起こる。この原因は，油脂中の不飽和脂肪酸が酸化されて過酸化物が生成するためである。これを油脂の酸敗（変敗という場合もある）という。食すると下痢や嘔吐といった食中毒様症状を起こす場合がある。

(1)　変質の機序

油脂の酸敗は，次の機序によっておこる。まず，リパーゼや熱によって不飽和脂肪酸（RH）が遊離する。RH は光，金属，放射線などの作用により脱水素

図 2.2　油脂の酸敗

15

し，反応性の高い脂質ラジカル（R・）になる。R・は酸素と結合して脂質ペルオキシラジカル（ROO・）となる。ROO・が別の RH から水素を引き抜き，脂質ヒドロペルオキシド（ROOH）となる。この時，新たに R・を生成するため，酸素の存在下で連続的に進行することから油脂の自動酸化という。ROOH は不安定であり，アルコール，アルデヒドやケトンなどの二次生成物を生じる。この反応が停止するのは，RR や ROOR の重合体を生成したときである（**図2.2**）。

（2）油脂の酸敗の防止

　油脂の酸敗を促進させる因子として酸素，光（特に紫外線），熱，金属イオン，水分などがあり，これらによる影響をできるだけ排除することで油脂の酸敗を抑制できる。酸敗の防止法として代表的なものを記す。真空包装，不活性ガス置換，脱酸素剤の使用で酸素に触れるのを防ぐ。不透明あるいは着色容器，包装により光を遮断する。金属との接触を避ける。低温で保管する*。

*酸敗の防止　油脂は低温で保存することで酸化の進行を遅らせることができる。しかし，冷凍保存する場合，水分量が極めて少ない状況になると酸素に触れやすくなり酸化が進行しやすくなるため注意が必要である。

2.4　鮮度，腐敗の判定

　腐敗・鮮度の判別：食品が腐敗して生じる変化（臭気，色調変化，弾力の低下，軟化など）は，ヒトが五感で感知することができる。しかし，より正確に腐敗や鮮度を判定するために，化学的試験，微生物学的試験，官能試験などを行う。

2.4.1　生菌数

　生物学的試験：食品の腐敗は，主に細菌の作用 によって起こる。そのため，生菌数を測定することで腐敗の程度を判定することができる。生菌数の測定は，適当な栄養培地を用いて培養し，食品 1 g または 1 mL あたりの生菌数を算出する。一般的には食品 1g あたりに $10^7 \sim 10^8$ 個の菌数が検出された場合には初期腐敗とみなされる。しかし，食品によっては細菌の増殖分布が一様でなかったり，腐敗細菌以外も含まれる。生菌数だけで腐敗を正確に判定することは難しい。

2.4.2　揮発性塩基窒素

　食肉や魚介類などのタンパク質を多く含む食品が腐敗すると，タンパク質が分解されアンモニアやアミンを生じる。この揮発性塩基窒素の生成量をもとめ，腐敗の程度（主に初期腐敗）を判定する。食品検体 100 g に含まれる揮発性塩基窒素の mg 数で表す。初期腐敗の判定の基準は，肉類が 20 mg/100 g，魚介類が 30～40 mg/100 g である。ただし，サメやアンコウなどの尿素を多く含むものには，この指標は適用されない。

2.4.3　K　値

　魚肉中には核酸の構成成分であるヌクレオチドが多量に存在する。ヌクレ

オチドの一種であるATPは鮮度の低下とともに下記のように分解されていく。

ATP（アデノシン三リン酸）→ ADP（アデノシン二リン酸）→

AMP（アデノシン一リン酸）→ IMP（イノシン酸）→

HxR（イノシン）→ Hx（ヒポキサンチン）

HxRおよびHxが多いことは鮮度が悪いことを示す。

ATPとその分解生成物の量を測定し，その総量に対するイノシンとヒポキサンチンの合計量の割合（%）がK値となる。

K値は非常に感度がよく，魚介類の腐敗と鮮度判定に利用される。

死直後で鮮度良好	K値10%以下
刺身用	K値20%以下
加工原料用（かまぼこなど）	K値40〜60%
初期腐敗	K値60%以上

2.4.4　トリメチルアミン

魚介類はトリメチルアミンオキシドを持つ。これが，腐敗細菌によって還元されてトリメチルアミンとなり，特有の生臭さの原因となる。新鮮時の魚介類のトリメチルアミン量はゼロである。初期腐敗の判定基準は，4〜5 mg/100 g である。

2.5　酸敗の判定

油脂の酸敗の程度を判定する方法として酸価，過酸化物価，チオバルビツール酸価，カルボニル価などを指標として測定する方法がある。食品衛生法では，食用油や油脂で処理した食品に対し，酸価，過酸化物価の基準を設けている（表2.1）。

2.5.1　酸　価

酸価とは，試料1gに含まれる遊離脂肪酸を中和するのに必要な水酸化カリウム量をmg数で表したものである。油脂が酸敗すると遊離脂肪酸が増加するため酸価が上昇する。

表2.1　油脂および油脂性食品の規格基準など

食品	規格基準	内容
即席めん類（油脂で処理したもの）	食品衛生法成分規格保存基準	含有油脂の酸価が3を超え，または過酸化物価が30を超えるものであってはならない 直射日光を避けて保存しなければならない
食用油	日本農林規格（JAS規格）	未精製油　酸価0.2〜4.0以下 精製油　酸価0.2〜0.6以下 サラダ油　酸価0.15以下
油揚げ菓子（粗油分10%以上）	厚生労働省指導要領	含有油脂の酸価が3を超え，かつ過酸化物価が30を超えるものであってはならない 酸価が5を超え，または過酸化物価が50を超えるものであってはならない 直射日光，高温多湿を避ける

出所）食品衛生法　食品・食品添加物等規格基準

2.5.2 過酸化物価

油脂の自動酸化によって生じた過酸化物とヨウ化カリウムが反応すると，過酸化物に相当するヨウ素が遊離する。生成した要素をチオ硫酸ナトリウムで滴定し求めた油脂1kgあたりのヨウ素のmg数が過酸化物価である。過酸化物価は酸敗の初期に上昇するが，その後過酸化物の二次産物化により，減少する。そのため油脂の初期段階の変敗の指標となる。

2.5.3 カルボニル価およびチオバルビツール酸価

(1) カルボニル価 (carbonyl value)

カルボニル価は試料1kg中に含まれるカルボニル化合物をミリ当量数（mEq/kg）で表したものである。油脂から生成した過酸化物は，さらにアルデヒド，ケトンを生成する。これらのカルボニル化合物を定量する。油脂の酸敗が進むとカルボニル価は上昇する。

(2) チオバルビツール酸価 (Thiobarbituric acid value, TBAV)

チオバルビツール酸価は，酸敗した油脂の過酸化生成物であるマロンジアルデヒド（MDA）の量を示す。チオバルビツール酸（TBA）とMDAが反応すると赤色色素が生成する。この色素を比色定量し，油脂1g中のMDAのμmol数で表す。簡便で広く用いられている酸敗の指標であるが，TBAがMDA以外にも反応する物質があるという問題点がある。

2.6 食品成分の変化により生じる有害物質

食品成分の化学変化は，食品の風味を増すことや好ましい着色をもたらすなど食味の向上に関わる。加熱により消化性を高め，有害微生物による汚染を防ぐことで安全に喫食できるようになる。しかし，食品の調理および加工，保存や流通の過程で，有害物質が生成されることもある。このような有害物質を誘起性有害物質という。

2.6.1 トランス型不飽和脂肪酸*

*トランス型不飽和脂肪酸 天然の不飽和脂肪酸の場合，二重結合の部分はシス型をとるが，反芻動物（牛や羊など）では胃中の微生物の影響により一部がトランス型をとる。したがって，牛乳やバターなどの乳製品には微量のトランス型不飽和脂肪酸が含まれている。

植物油脂を原料とし，水素添加により固化した油脂（マーガリン，ショートニング）には脂肪酸の二重結合がシス型ではないトランス型が含まれる（図2.3）。トランス脂肪酸の過剰な摂取はLDLコレステロールを増加させ，HDLコレステロール を減少させ，冠動脈性心疾患のリスクを高めるとされている。WHOではトランス脂肪酸の摂取量は最大でも一日の総エネルギー摂取量の1％未満とするよう勧告している。日本での1日当たりの摂取量の平均値は摂取エネルギーの約0.3％と推計される（食品安全委員会「食品中に含まれるトランス脂肪酸」評価書2012年より）。日本でのトランス脂肪酸の摂取量は，WHOの目標を下回っており，通常の食生活では，健康への影響は小さいと考えられるため，現在のところ国内における規制は特にない。

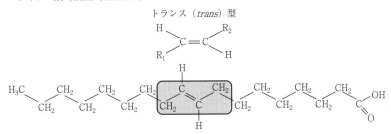

オレイン酸（*cis*-C18:1 n-9）

エライジン酸（*trans*-C18:1 n-9）

図 2.3　不飽和脂肪酸のシス型とトランス型

2.6.2　アクリルアミド

　食品中に含まれるアミノ酸（アスパラギン）が 120℃以上の高温で加熱されると，フルクトース（果糖），グルコース（ブドウ糖）などの還元糖とアミノカルボニル反応が起こる。この化学反応の過程においてアクリルアミドが生成するとされている。これ以外の生成反応も推定されているが詳細については明らかになされていない。国際がん研究機関（IARC：International Agency for Research on Cancer）による発がん性分類において，人に対する発がん性の証拠は不十分であるが，動物実験における発がん性の証拠は十分にあることから，アクリルアミドは 2A（人に対しておそらく発がん性がある）に分類されている。食品に含まれているアクリルアミドについて，食品衛生法等に基づく基準値等は設けられていない（**表 2.2**）。

2.6.3　ヘテロサイクリックアミン

　ヘテロサイクリックアミン類（HCAs）は，食品中のタンパク質やアミノ酸の高温加熱により生成される。体内で代謝されると発がん性を示す物質へ

表 2.2　各種物質の発がん性の評価と分類

分類	評価内容	例
1	人に対して発がん性がある	アスベスト，喫煙，カドミウム，アルコール飲料，加工肉，アフラトキシン等
2A	人に対しておそらく発がん性がある	赤肉，N-ニトロソジメチルアミン，IQ，アクリルアミド等
2B	人に対して発がん性を示す可能性がある	漬物，鉛，わらび等
3	人に対する発がん性について分類できない	カフェイン，コーヒー，お茶，コレステロール等

出所）国際がん研究機関（IARC）による発がん性分類（2023 年 2 月時点）

加熱材料	生成する発がん性物質	構造式
トリプトファン	Trp-P-1 (R=CH₃) Trp-P-2 (R=H)	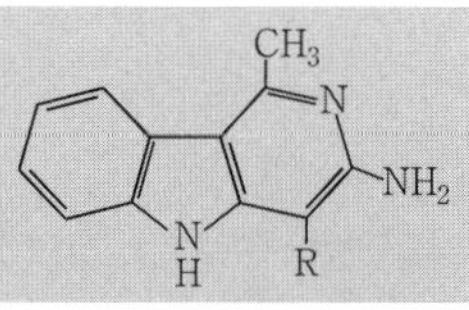
グルタミン酸	Glu-P-1 (R=CH₃) Glu-P-2 (R=H)	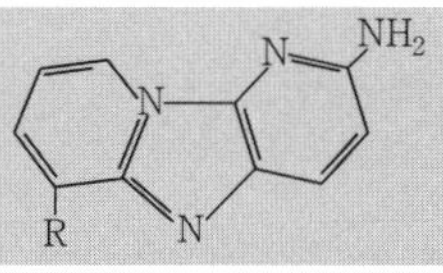
丸干しイワシ	IQ (R=H) MeIQ (R=CH₃)	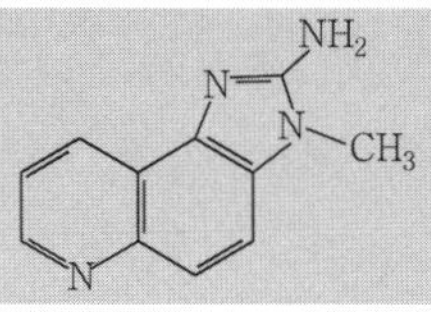
牛肉	MeIQx	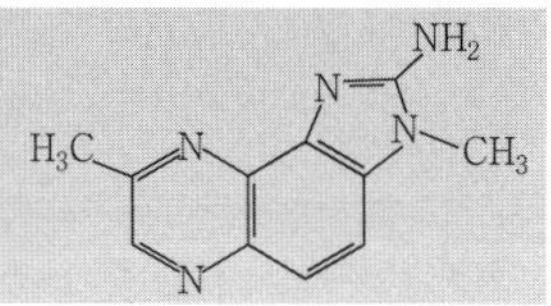

図 2.4　ヘテロサイクリックアミン類

と変換される。現在までに 20 種類以上の化合物が報告されており，IARC は 10 種類の HCAs についてグループ 2A，9 種類についてグループ 2B に分類している。

2.6.4　N-ニトロソアミン

亜硝酸とアミン類が酸性下で反応することによりニトロソアミンが生成する。野菜には硝酸が存在し，口腔内や腸管内の硝酸還元菌によって亜硝酸となる。魚類や魚卵には第二級アミンであるジメチルアミンが含まれていることが多い。亜硝酸とジメチルアミンが反応して N-ニトロソジメチルアミンが生成し，これは発がん性物質として報告されている。ビタミン C やビタミン E などがニトロソアミンの生成反応を抑制することが知られている。

2.7　変質防止法

微生物の増殖によって食品の変質は生じる。微生物の増殖を抑えるには，温度による静菌・殺菌（冷蔵・冷凍，加熱），脱水，塩蔵，糖蔵による水分活性や酢漬けによる pH の低下，燻煙や紫外線，食品添加物処理などが用いられる。

2.7.1　微生物による変質の防止（温度制御，水分活性・浸透圧の制御および酸素濃度による制御など）

食品を低温で保つことにより微生物の増殖や酵素反応による変質を防ぐことができる。冷蔵とは氷結しない 0 〜10℃ の保存を指す。しかしながら低温でも増殖する低温細菌が存在するため保存期間は短期間となる*。冷凍とは

＊低温細菌　リステリア症の原因となるリステリア・モノサイトゲネスは生育温度が 0 〜 45℃ と広いため，食品に付着している場合，冷蔵庫でその食品を保存したとしても増殖してしまう。冷蔵庫内で増殖するため非加熱食品（スモークサーモン，ナチュラルチーズ，サラダなど）が原因となって食中毒が起こることがある（4 章参照）。

コラム 1　REPLACE

WHO（世界保健機関）は，トランス脂肪酸を世界の食料供給から撲滅するためのガイドライン「REPLACE」を 2018 年 5 月に発表した。食品供給源の見直し，健康的な油脂の利用促進，法制化，啓発活動，対策の徹底などを呼びかけ，撲滅の実現に向けて REPLACE の活用を各国に促している。また，WHO は 2019 年には食品事業者に対しても加工食品を製造するときにできるトランス脂肪酸の低減を呼びかける声明を発表した。

-15℃以下の凍結状態を指し，一般的な冷凍食品の保存温度は -18℃ である。またチルドとは 0℃付近，パーシャルフリージングは -3℃付近での貯蔵である。

　微生物の増殖には水分が必須であり，食品中の水分含量は変質に重要である。食品中の水分には遊離の形で存在する自由水と，タンパク質や糖質と結合あるいは吸着している結合水がある。食品中の自由水の含量は水分活性（Water activity：Aw）で表される。微生物の利用できる食品中の水分は自由水である。水分活性は純水の 1.0 を最大値，無水物の 0 を最小値とする。細菌は 0.90，酵母は 0.88，カビは 0.80 以上の水分活性が増殖に必要である。水分活性 0.60 以下では，微生物の増殖が阻害される。また食塩や砂糖を食品中に添加すると，浸透圧が上昇して自由水が，これらの溶解に用いられる。その結果，水分活性が低下し食品の保存性が向上する。

　細菌は，増殖に関わる酸素の要求性により分類される。酸素を必要とするのが好気性菌，酸素が存在すると増殖できない偏性嫌気性菌，酸素の有無にかかわらず増殖可能な通性嫌気性菌および極微量の酸素を必要とする微好気性菌である。

2.7.2　化学・物理的反応による変質防止（光，酸素，水分，温度および金属など）

　紫外線は日光にも含まれ波長 260 nm で最も高い殺菌作用を示す。紫外線殺菌ランプから照射される紫外線は，透過性が少ないので効果は照射された表面のみで作用する。室内の空気の殺菌や調理器具や食品包装材の殺菌に利用される。

　日本国内では，放射性同位体であるコバルト 60（^{60}CO）から得られた放射線の一種である γ 線（照射）をジャガイモの発芽防止（芽止め）の目的で認められている。放射線照射は加熱が起こらないため食品の風味が損なわれないという利点がある。欧米諸外国では香辛料，乾燥野菜，食肉加工品などへ多く利用されている。

【参考文献】

一戸正勝・西島基弘編著：図解　食品衛生学　食べ物と健康，食の安全性（第 5 版），講談社（2016）

甲斐達男・小林秀光編：食品衛生学（エキスパート管理栄養士養成シリーズ）（第 4 版），化学同人（2020）

小塚諭編：イラスト　食品の安全性（第 4 版），東京教学社（2022）

田崎達明編：食品衛生学（栄養科学イラストレイテッド），羊土社（2017）

津田謹輔・伏木亨・本田佳子監修 / 岸本満編：食べ物と健康Ⅲ　食品衛生学　食品の安全と衛生管理（Visual 栄養学テキスト），中山書店（2018）

那須正夫・和田啓爾編：食品衛生学　「食の安全」の科学（改訂第 2 版），南江堂（2011）

【参考資料】

厚生労働省：食品衛生法

　　https://elaws.e-gov.go.jp/document?lawid=322AC0000000233 （2023.6.10）

厚生労働省：食品，添加物等の規格基準

　　https://www.mhlw.go.jp/stf/seisakunitsuite/bunya/0000186592.html （2023.6.10）

厚生労働省：菓子の製造・取扱いに関する衛生上の指導について

　　https://www.mhlw.go.jp/web/t_doc?dataId=00ta5745&dataType=1&pageNo=1

厚生労働省：日本農林規格等に関する法律（JAS 法）

　　https://elaws.e-gov.go.jp/document?lawid=325AC0000000175 （2023.6.10）

国際がん研究機関（IARC）

　　https://www.iarc.who.int/ （2023.6.10）

国際がん研究機関（IARC）による発がん性の分類

　　https://monographs.iarc.who.int/agents-classified-by-the-iarc/ （2023.6.10）

演習問題

問1　食品安全委員会に関する記述である。最も適当なのはどれか。1つ選べ。

（第 28 回管理栄養士国家試験）

(1) 油脂の劣化は，窒素により促進される。

(2) 油脂の劣化は，光線により促進される。

(3) 細菌による腐敗は，水分活性の上昇により抑制される。

(4) 酸価は，初期腐敗の指標である。

(5) ヒスタミンは，ヒスチジンの脱アミノ反応により生じる。

解答　(2)

p. 14「2.2.2 微生物の基礎」，p. 15「2.3.4 油脂の酸化」，p. 17「2.5 酸敗の判定」，p. 20「2.7.1 微生物による変質の防止」を参考

問2　鮮度・腐敗・酸敗に関する記述である。正しいのはどれか。1つ選べ。

（第 27 回管理栄養士国家試験）

(1) 揮発性塩基窒素量は，サメの鮮度指標に用いる。

(2) 初期腐敗とみなすのは，食品1g中の生菌数が103〜104個に達したときである。

(3) 酸価は，油脂の加水分解により生成する二酸化炭素量を定量して求める。

(4) K値は，ATPの分解物を定量して求める。

(5) トリメチルアミン量は，食肉の鮮度指標に用いる。

解答　(4)

p. 16「2.4.1 生菌数」，「2.4.2 揮発性塩基窒素」，「2.4.3 K値」，p. 17「2.5 酸敗の判定」を参考

問3　トランス脂肪酸に関する記述である。正しいのはどれか。2つ選べ。

（第 30 回管理栄養士国家試験）

(1) エライジン酸は，トランス脂肪酸である。

(2) 水素添加油脂中に存在する。

(3) 多量摂取は，HDL- コレステロール値を上昇させる。

(4) 天然には存在しない。

(5) わが国では，加工食品に含有量の表示をしなければならない。

解答 （1），（4）

p. 18「2.6.1 トランス型不飽和脂肪酸」を参考

3 食品と微生物

3.1 微生物とは

＊顕微鏡　肉眼で見ることのできる大きさは0.1 mm 程度である。光を用いる光学顕微鏡は一般的に1,500倍くらいまで拡大することが可能で0.2 μm くらいまでの大きさのものを見ることができる。一方，電子顕微鏡になると100万倍くらいまでを拡大することが可能となり，光学顕微鏡では見ることのできないウイルスやDNA，原子など，ナノサイズのものを見ることができる。

微生物（micro-organisms または microbes）とは，肉眼では見ることができず，**光学顕微鏡**や**電子顕微鏡**＊を用いて見ることのできる微小な生物の総称である。微生物には形態や性状の異なるさまざまな生物種が含まれており，一般的には真核生物である原虫（原生動物），藻類，真菌から，原核細胞である細菌，リケッチア，クラミジア，マイコプラズマが含まれる。生物とはいえないが，ウイルスも病原性などの点から含むことが多い。

3.1.1 微生物の分類

(1) 生物分類学上の微生物の位置

生物の分類は変遷を続けており，分子生物学的な解析が進むことで今後も分類学は発展していくことが予想される。三ドメイン説においては，生物は細菌（真正細菌），古細菌（アーキア），真核生物に分類される。真正細菌と古細菌は原核生物であり，真核生物は真菌類，藻類，原生生物，植物，動物に分類される（**図 3.1**）。

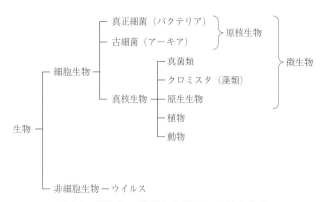

図 3.1 微生物の種類と生物界における位置

(2) 大きさによる分類

寒天培地上のコロニーやキノコといった集合体なら肉眼で見ることはできるが，1本の菌糸や細菌の1個体は顕微鏡を使わないと見ることができない。細菌や真菌，原虫は光学顕微鏡でも形状を観察することができるが，ウイルスは電子顕微鏡を使わないと観察できない（**図 3.2**）。

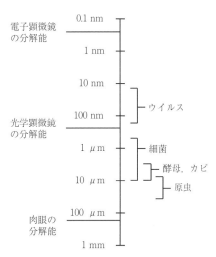

図 3.2 顕微鏡や肉眼の分解能と微生物の大きさの目安

① ウイルス　20 ～ 300 nm の大きさで，多くは 100 nm 程度

② 細菌　球菌は直径で約 1 μm，桿菌は大きいもので 1.0 × 10 μm 程度

③ 酵母・カビ　数 μm ～数十 μm（カビは多細胞であり多くの細胞から形成されるため全体としては大きく複雑になる）

④ 原生動物（原虫）　数 μm ～数十 μm 程度の大きさ（種類や生活環によって異なる）

（3）ヒトとの関わりによる分類

常在微生物

　自然環境中にはさまざまな微生物が存在しており，野菜や果物の表面にもさまざまな微生物が付着している。食品の原材料（農産物，畜産物，水産物）に共通または固有の微生物が**微生物叢**（ミクロフローラ）*1 を形成し，常在微生物として存在することで有害微生物からの危害を防いでいる場合もある。しかし，食品を変質させ食中毒などの原因となることもある。

病原微生物

　病原微生物とは，ヒトや動植物の体表・生体内に定着し，生育・増殖し，その結果，宿主に傷害を与える微生物である。ヒトや動植物に疾病を起こす性質を病原性（pathogenicity）という。食中毒の原因となる細菌やウイルスなどは食品の安全性で問題となる。病原微生物の種類や性質を知ることは，食中毒を防ぐための検査方法の開発や精度向上に重要である。

有用微生物

　ヒトに有用な効果をもたらす微生物を有用微生物という。食品加工の手段に微生物の力を利用して製造した食品が発酵食品であり，人類は微生物の正体を知る以前からその機能を活用してきた。**バイオマス変換技術***2 や**環境浄化***3 など，微生物はさまざまな分野で有効利用されている。

3.1.2　細　菌

　細菌は，球体の形状をとる球菌（coccus），桿状の形状をとる桿菌（bacillus），らせん状の形状をとるらせん菌（spirillum）の3つを基本的な形状としている。球菌は球状細胞が複数連なる種類が存在し，桿菌は種類によって長さが異なり，らせん菌は種類によってその回転数が異なるなど，細菌の形状は多岐にわたる（図3.3）。大きさは球菌で直径約 1 μm，桿菌で 0.5 ～ 1.0 × 10 μm ほどであるのが一般的だが，リケッチアは 0.3 ～ 0.5 × 0.6 ～ 2.0 μm，マイコプラズマは 0.2 μm 以下の場合もあるなど，非常に小さな細菌もいる。

　細菌は，**グラム染色法***4 によりグラム陽性菌とグラム陰性菌に大別される。これは，表層構造の違いによるものだが，マイコプラズマやクラミジアなどさらに特殊な表層構造をもつ細菌も存在する。細胞壁は細菌の形態を保持させる強固な膜状構造体である。グラム陽性菌とグラム陰性菌とでは細胞壁を構成する成分と構造が大きく異なるが，ペプチドグリカン層を有することは共通している（図3.4）。グラム陽性

*1 微生物叢　ある特定の環境（動植物，土壌，海洋など）に存在する膨大な種類・量の微生物の集団を指す。

*2 バイオマス変換技術　バイオマスとは，エネルギーや物質に再生が可能な，動植物から生まれた有機性の資源（石油や石炭などの化石資源は除く）のことを指す。具体的には，農林水産物，食品廃棄物，家畜排せつ物および木くずなどを指す。微生物によってバイオマスを分解し，エタノールなどに変換する技術のことを指す。

*3 環境浄化　汚染された環境から汚染物質を除去し，元の環境に戻すことを指す。微生物や植物などの生物のもつ力を利用して環境の浄化を図る技術のことをバイオメディエーションという。

*4 グラム染色法　グラム染色は，1884年にデンマークのChristian Hansen Gram により考案された細菌の染色方法である。細菌を塩基性色素で染色した時，表層構造（細胞壁）の違いにより，エタノールのような有機溶媒で脱色されるグラム陰性菌と脱色されにくいグラム陽性菌に染め分けることができる。グラム染色の方法には，クリスタルバイオレットを用いるハッカーの変法，B&M 山中変法，ビクトリアブルーを用いる西岡の変法がある。

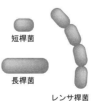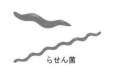

図 3.3　細菌の形

25

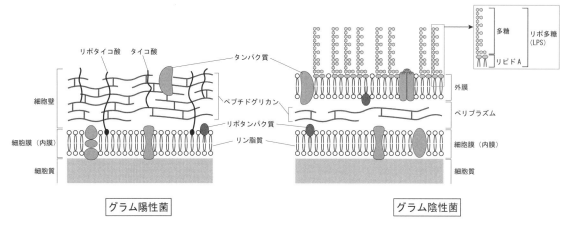

図 3.4 グラム陽性菌およびグラム陰性菌の表層構造の模式図

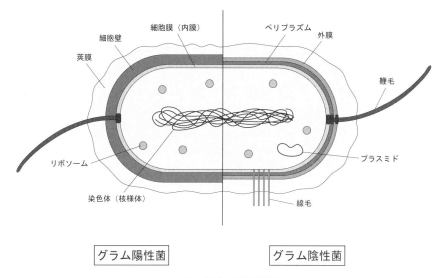

図 3.5 細菌の基本構造

菌は最外層に厚いペプチドグリカン層を有し，タイコ酸，リポタイコ酸，タンパク質などが存在する。グラム陰性菌では外膜と内膜の間に薄いペプチドグリカン層が存在する。外膜には，リポ多糖（LPS：Lipopolysaccharide）が存在し菌体内毒素とも呼ばれる。そのほかの細菌の表層構造としては，細胞膜，線毛，鞭毛，莢膜または粘液層などがある（図 3.5）。

　ヨーグルトやチーズなどの製造に欠かせない乳酸菌やアミノ酸生産菌として利用されるコリネ型細菌など有用な細菌も多く存在するが，食品衛生の観点において細菌は食中毒発生原因の主であることを忘れてはならない。

3.1.3　真　菌

　真菌には多様な形態をとるものが多く，いわゆるカビと呼ばれることが多い菌糸型真菌と卵型の形状の酵母型真菌が存在し，キノコも真菌である。カ

ビは増殖し，黒色，白色，緑色，赤色などさまざまな色の胞子をつくる。菌糸の幅は菌種によって異なるが通常 1 ～ 10 μm であり，さらに太くなる菌種もある。酵母の栄養細胞の大きさは通常，直径数 μm ～数 10 μm である。*Aspergillus* 属は分生子，フィアライド，頂囊，分生子柄，菌糸から構成される。抗生物質や酵素の生産に利用される *Penicillium* 属も同様の構造

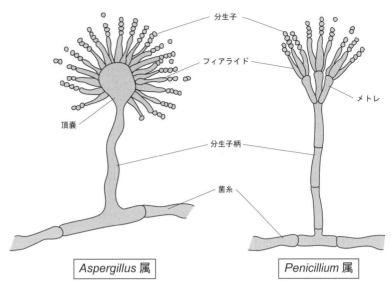

図 3.6　カビの基本構造

をもつが，頂囊をつくらず，メトレやフィアライドはほうき状になる（**図 3.6**）。

　カビや酵母は古来より世界中で醸造や発酵食品の製造に利用されてきた。わが国の伝統発酵食品である酒，味噌，醤油などの醸造には黄麹菌 ***Aspergillus oryzae***[*1] が利用されており，2006 年には日本醸造学会が麹菌を日本の「国菌」に認定した。西欧ではチーズの熟成にカビを利用することがある。*Saccharomyces cerevisiae* はビール酵母や清酒酵母などとして利用される。

　食品衛生の観点においてカビは食中毒の原因となり得る危険な微生物として警戒しないといけない。一般的に，カビの発生した食品は味や匂いが劣化し食用には適さない。また，カビ毒はマイコトキシンとも呼ばれ，人や動物の健康に悪影響をおよぼす。カビ毒は熱に強いものが多く，加工・調理しても毒性がほとんど低減しないので，農産物の生産や貯蔵などの過程で，カビの増殖やカビ毒の産生を防止することが重要である。現在，数百種のカビ毒が知られているが，食品汚染で問題となる代表的なカビ毒としては，発がん性の高いカビ毒であるアフラトキシン，腎毒性があるオクラトキシン A，慢性毒性として免疫系に影響があるとされるデオキシニバレノールとニバレノール，消化管の出血や潰瘍を起こすパツリンなどがある。

3.1.4　ウイルス

　ウイルス[*2] は他の微生物とは構造が大きく異なり，細菌のような細胞構造をもたない。遺伝情報である核酸（RNA または DNA）はタンパク質の殻（カプシド）で包まれており，この構造をヌクレオカプシドという（**図 3.7**）。ヌクレオカプシドが脂質とタンパク質から成るエンベロープに包まれている種

*1 ***Aspergillus oryzae***（麹菌）　広く利用されている糸状菌で，酒，味噌および醤油などの製造に利用されている。また，麹菌は，大腸菌などの原核生物では発現が困難な真核生物のタンパク質発現の宿主として適している。

*2 ウイルス　エンベロープを有するウイルスは，インフルエンザウイルス，パラインフルエンザウイルス，日本脳炎ウイルスなどが挙げられる。これらのウイルスのエンベロープ表面に存在する糖タンパク質の突起（スパイク）は，赤血球の表面に存在する糖鎖に結合する性質があるため血球凝集素と呼ばれる。この突起は，ウイルスが宿主細胞膜に結合する際の役割も担っている。

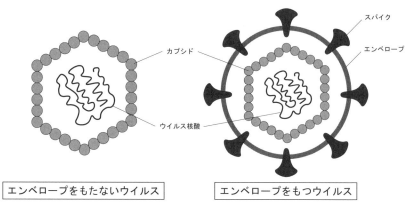

カプシド

ウイルス核酸

スパイク

エンベロープ

エンベロープをもたないウイルス

エンベロープをもつウイルス

図3.7　ウイルスの基本構造

もあり，エンベロープの有無は消毒剤の効果と大きく関わる。ウイルスの大きさは 20 〜 300 nm であり，多くは 100 nm 前後である。光学顕微鏡ではウイルスを観察することはできず，ウイルスの形態を観察するためには電子顕微鏡が必要である。

　食品衛生にかかわるウイルスとしては，ノロウイルス，A 型肝炎ウイルス，E 型肝炎ウイルスが重要であり，特にノロウイルスによる急性胃腸炎はウイルス性食中毒のほとんどを占めている。

3.2　微生物の食品への関与

　野菜や魚介類は収穫した時点では洗浄等をしていないので，食品としては汚染されている状態といえる。食中毒の原因となる病原性微生物は，海水や土などと共に農畜水産物に付着し，これを一次汚染という。食品工場の従事者や装置・器具，包装材，流通，家庭での調理などの過程における汚染を二次汚染という。

3.2.1　食品に有害な微生物

　畑で育てられた農作物，牧場で飼育された家畜の肉や卵は，それぞれ保蔵や加工といったさまざまな流通ルートを介して消費者に届く。その過程（フードチェーン）で食品にはさまざまな微生物が付着する。フードチェーンは複雑化し，消費者にとって不透明なものとなってきている。食品に付着した微生物がその食品の中で増殖し食品成分が分解されることで，食品の腐敗が起こる。その結果，食品の栄養性や美味しさが損なわれるだけでなく，食中毒のリスクが高くなる。微生物は身の回りのあらゆるところに存在し，食中毒の原因となる微生物は，食品の品質が劣化しているかどうかわからない程度しか増殖しなくても食中毒を起こすことがある。

3.2.2 食品に有用な微生物

人は数千年以上も前から微生物の発酵を利用してきた。発酵とは微生物のはたらきによって人に有益な有機化合物を生成する現象のことである。一般的に，酸素が存在しない嫌気的な環境下で微生物が炭水化物を分解してエネルギーを得る過程を指す場合が多い。

フランスの細菌学者である Pasteur はアルコール発酵が酵母のはたらきによるものであること，酢酸発酵が酢酸菌のはたらきによるものであることを発見した。これらのことから，Pasteur は醸造学や発酵学の礎を築いた科学者であるといえる。その後，ドイツの化学者である Buchner は，すり潰した酵母細胞の抽出液によってもアルコール発酵が進むことを証明し，この無細胞発酵の発見によって発酵の化学的分析が始まった。彼ら以外にも多くの科学者が微生物の基礎研究と応用開発に貢献し，その成果は今日の私たちの生活をあらゆる面から豊かにしている。

発酵食品のメリットは，新たな味や香りの付与，栄養成分の増強，保存性の向上などである。先人たちは試行錯誤を繰り返し，その積み重ねの中で生まれた技術や工夫が発酵食品の美味しさや安全性を作り上げた。しかし，消費者の嗜好の変化，製造工程の機械化や効率化などによって思わぬ食中毒事故の発生が危惧され，発酵食品にも食品衛生の知識が必要となっている。

3.3 微生物の制御

3.3.1 微生物の増殖制御

微生物として細菌，カビおよび酵母が食品中で増殖するためには，① 酸素，② 温度，③ 栄養素，④ pH，⑤ 水分の 5 つの条件がすべて適切にみたされる必要がある。すなわち，これらの条件を抑制することによって微生物の増殖を抑制することができる。分裂で増殖する微生物は最適な環境下では指数的に増加する。多くの細菌が分裂により 2 個になるまでには 20〜30 分程度である。海産物に由来する食中毒菌の腸炎ビブリオの分裂時間は 8 分程度である。細菌は指数的に増加する対数増殖期を経て定常期となり細菌数は最大となる。細菌が自ら排出する代謝産物による pH 低下や酸素欠乏により衰退期となり，生菌数は減少していく。

酸　素

細菌は増殖におけるエネルギーの獲得形式に応じて ① 偏性好気性菌，② 微好気性菌，③ 通性嫌気性菌および ④ 偏性嫌気性菌の 4 つに分けられる。偏性好気性菌とは，酸素存在下のみで増殖が可能な微生物で，緑膿菌や枯草菌などの細菌や多くのカビが含まれている。また偏性好気性菌は大気中の酸素だけでなく，水中の溶存酸素も利用することができる。

微好気性菌とは，酸素濃度が5〜10％程度の環境でのみ生育できる細菌である。鶏肉の生食で生じる食中毒の原因となるカンピロバクターは微好気性菌である。通性嫌気性菌とは，酸素の存在の有無に関わらず生育できる細菌で，大腸菌やサルモネラ菌，ブドウ球菌，乳酸菌などが含まれている。偏性嫌気性菌とは，酸素非存在下でのみ生育することができる細菌 *Clostridium* 属に分類され，ウェルシュ菌やボツリヌス菌などである。

温　度

　細菌の発育可能な温度に応じて低温細菌（−10〜40℃），中温細菌（5〜50℃），高温細菌（25〜70℃）に分類される。細菌は，氷点下であっても最低増殖温度を下回っても死滅しない。

栄養素

　細菌は独立栄養菌と従属栄養菌に分類される。前者は二酸化炭素を炭素源として，無機塩類を利用して増殖することができる。後者は食中毒を引き起こす細菌は後者の従属栄養菌で，食品中の窒素化合物，炭水化物，無機塩類を利用して増殖する。

pH

　多くの細菌は中性から微アルカリ条件が，増殖に適した pH であり，pH 4.5〜5.0 程度の酸性下で増殖はできないが，乳酸菌，酪酸菌は pH 3.5 の酸性でも生育可能である。また酵母やカビに適した pH は 5.0〜6.0 である。

水　分

　微生物が増殖に使うことのできる食品中の水分を自由水といい，この割合のことは水分活性とよぶ。水分活性は 0 〜 1 までの数値で表され，1.0 に近づくほど微生物が増殖しやすくなる。細菌の多くは水分活性 0.9 以上で増殖可能である。一方，カビは 0.6 程度の水分活性でも生育するものもいる。

3.3.2　滅菌および消毒

　滅菌とは有害性にかかわらず一定空間に存在しているすべての微生物やウイルスなどを殺滅（さつめつ）または除去することを指す。とくにボツリヌス菌の芽胞は耐熱性が高く通常の 100℃ の加熱では死滅しない。真空包装のレトルト食品などではボツリヌス菌の芽胞を滅菌するため高圧条件下の 120℃，4 分間相当の加熱殺菌が行われる。加熱殺菌には食品と対象となる微生物により温度と時間が異なる。加熱処理により食品成分や食味の劣化が起こるため処理は必要最小限にすることが求められる。一般的な食品では中心温度が 75℃，1 分間以上または同等以上の加熱が求められる。また牛乳は搾乳時にある程度の細菌が含まれているため殺菌が義務づけられている。120〜150℃，数秒間加熱処理する超高温瞬間殺菌が一般的である。LL（Long life）牛乳では，140〜150℃，数秒間殺菌処理して無菌充填される。高温殺菌は脂質の分解な

ど風味の低下が起こるため低温殺菌（63℃，30分間）された牛乳も流通している。

　食品製造の作業前に調理器具や手指の消毒を目的としてエタノールや次亜塩素酸が用いられる。この場合，細菌数を減らすために用いられ，全てを除去するものではない。細菌を害の無い程度まで減らすことを目的としている。次亜塩素酸ナトリウム液は，塩素系漂白剤等を希釈して作り，0.05％程度の濃度で利用する。ウイルスには宿主の細胞膜に由来する脂質二重膜（エンベロープ）をもつものと，もたないものがある。エタノール消毒は細菌やインフルエンザウイルスなどのエンベロープをもつウイルスに対して効果がある。エタノール濃度は70％で利用するのが最も効果的である。ノロウイルスはエンベロープをもたないためアルコール消毒では除去することができない。

【参考文献】
　一色賢司編：食品衛生学（第2版）（新スタンダード栄養・食物シリーズ8），東京化学同人（2019）
　小熊惠二・堀田博・若宮伸隆編：シンプル微生物学（改訂第6版），南江堂（2018）
　小熊惠二・堀田博監修：コンパクト微生物学（改訂第5版），南江堂（2021）
　食品安全ハンドブック編集委員会編：食品安全ハンドブック，丸善（2010）
　堀江正一・尾上洋一編著：図解 食品衛生学（第6版），講談社（2020）
　村田容常・渋井達郎編：食品微生物学（新スタンダード栄養・食物シリーズ16），東京化学同人（2015）

【参考資料】
　農林水産省：有害微生物による食中毒を減らすための農林水産省の取組（リスク管理）
　https://www.maff.go.jp/j/syouan/seisaku/risk_analysis/priority/hazard_microbio.html
　（2023.7.31）

演習問題

問1 細菌とウイルスの基本構造について説明しなさい。

　解答 細菌は，細胞膜の外側を細胞壁で覆われており，細胞内の核には核膜がない。菌種によっては細胞壁の外側に莢膜，繊毛，鞭毛を有するものもある。一方，ウイルスは細菌の構造とは大きく異なり，細胞構造をもたず，カプシド（タンパク質の殻）で核酸（RNAあるいはDNA）が包まれている。ウイルスによっては，カプシドの外側に脂質とタンパク質からなるエンベロープを有するものもある。

　p. 27「3.1.4 ウイルス」，p. 28「図3.7 ウイルスの基本構造」を参考

問2 グラム陽性菌とグラム陰性菌の表層構造の違いについて説明しなさい。

　解答 グラム陽性菌，グラム陰性菌は，細胞壁を構成する成分と構造が大きく異なる。グラム陽性菌は最外層に厚いペプチドグリカン層を有し，タイコ酸，リポタイコ酸，タンパク質などが存在する。一方，グラム

陰性菌は外膜と内膜の間に薄いペプチドグリカン層が存在する。外膜には，リポ多糖が存在する。

p. 25「3.1.2 細菌」，p. 26「図3.4 グラム陽性菌およびグラム陰性菌の表層構造の模式図」を参考

問3　微生物の増殖と増殖抑制について説明しなさい。

　　解答　微生物（細菌，カビおよび酵母）が食品中で増殖するためには，酸素，温度，栄養素，pH，水分の5つの条件がすべて適切にみたされる必要がある。したがって，5つの条件の内，1つでもみたすことができなければ微生物の増殖は抑制される。

　　p. 29「3.3.1 微生物の増殖抑制」を参考

問4　滅菌と消毒の違いについて説明しなさい。

　　解答　滅菌とは一定空間に存在するすべての微生物を殺滅あるいは除去することで，消毒とは微生物の害がない程度まで減らす，あるいは除去することを指す。

　　p. 30「3.3.2 滅菌および消毒」を参考

4 食中毒

4.1 食中毒

4.1.1 食中毒とは

　飲食に起因する健康障害を**食中毒***という。食中毒を引き起こす原因となりうる因子は，飲食物に付着，混入している微生物（細菌，ウイルスなど），寄生虫や化学物質，植物や魚介類に含まれる自然毒である。飲食後，数時間あるいは長い場合には1週間以上後に，消化器症状（腹痛，下痢および嘔吐など），発熱あるいは神経症状の発症など原因物質によって異なる症状を発症する。

　日本では，食品衛生法により食品，添加物，器具，容器包装，乳幼児の健康を損なう恐れのある玩具に起因した中毒を食中毒として扱っている。

　食品衛生法第63条に，「医師は直ちに最寄りの保健所長にその旨を届け出なければならない。② 保健所長は，前項の届出を受けたときその他食中毒患者等が発生していると認めるときは，速やかに都道府県知事等に報告するとともに，政令で定めるところにより，調査しなければならない」と記載されている。さらに，知事は厚生労働大臣に報告することが義務付けられている。

4.1.2 食中毒の分類

　食中毒の原因物質は，原虫・寄生虫を含む微生物類，化学物質および自然毒の3つに大別される。

- ・微生物類：食中毒の原因として最も多い。厚生労働省は，「サルモネラ属菌，ブドウ球菌およびボツリヌス菌など15種類とその他の細菌，ウイルス（ノロウイルスとその他のウイルス），クドア，サルコシスティス，アニサキス，その他の寄生虫」と区別して示している。
- ・化学物質：食品中の化学物質や放射性汚染物質によるもので，メタノール，ヒスタミンおよびヒ素などである。
- ・自然毒：動物（魚介類），植物に含まれる有害成分。ばれいしょ芽毒成分のソラニンや生銀杏および生梅の有毒成分のシアンなどの植物性自然毒とふぐ毒のテトロドトキシン，シガテラ毒および麻痺性貝毒などの動物性自然毒の2つに分けられる。

4.1.3 食中毒予防

　食中毒事件の大半の原因が微生物であることから，「つけない」，「ふやさない」，「やっつける」という三原則が食中毒予防で重要である。「つけない」

***食中毒** 食品やアルコールなどの過剰摂取が原因となる病気（糖尿病，脂質異常症および肝機能障害など）は，飲食も伴う健康障害であるが食中毒の対象とならない。

33

は食品に病因微生物を汚染させない，「ふやさない」は食品中で病因微生物を増やさない，「やっつける」は食品中の病因微生物を殺菌することを示している。

4.2　食中毒の発生状況

食中毒の発生状況や発生事例は厚生労働省のホームページに公開されているので，常に最新の状況を知るようにしたい。しかし，これらは必ずしも実際数を把握できているとは限らない。症状が軽ければ医師の治療を受けることなく市販薬を飲んで治る場合も多いためである。厚生労働省から発表される食中毒統計は，食中毒患者を扱った医師が保健所長に届け出，届け出のあった事例について保健所が調査と確認を行い，その結果が都道府県知事を通して厚生労働大臣に報告されたもののみである。したがって実数は統計数の数倍はあると考えられる。

4.2.1　年次別の発生状況

食品の保蔵技術の発達，生活様式の多様化，輸入食品や加工食品の普及など，さまざまな要因によって食中毒発生の動向は年々変化している。**図 4.1** に示すように，2012 ～ 2021 年の食中毒の動向としては，事件数 700 ～ 1,400 件/年，患者数 11,000 ～ 27,000 人/年，死者 1 ～ 14 人/年である。

1950 年頃の食中毒発生件数は年間 2,000 件前後であったが，1955 年は脱脂粉乳による溶血性ブドウ球菌食中毒や調製粉乳中毒事件などがあり，この年の食中毒発生件数は 3,277 件にまで上り，患者数は 63,745 人，死者数は 554 人となった。1965 年頃から漸減傾向が見られ 1968 年からは死者数が 100 人を上回ることはなくなった。1986 年から 10 年間は 1,000 件を下回ったが，1996 年から急増し 1998 年には 3,010 件に達した。1998 年は腸炎ビブリオによる食中毒が増加した年であり，水産食品の衛生対策が強化されるきっかけとなった。それ以降，発生件数と患者数は増減を繰り返しながら漸減傾向にある。

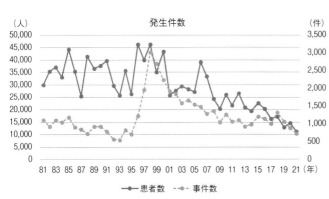

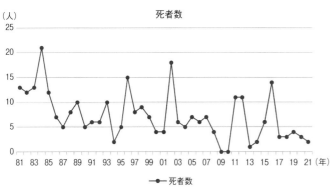

図 4.1　食中毒の事件数・患者数・死者数の推移

4.2.2　食中毒の病因物質と原因食品

1975（昭和50）年以降の病因物質別の食中毒事件数の推移を**図4.2**に示した。
1998年は腸炎ビブリオが1位となった。腸炎ビブリオは**O抗原・K抗原**[*]に
よって分類されるが，1994年頃の主流は血清型 O4:K8，1998年の主流は血
清型 O3:K6であり血清型にも推移が見られる。1999年はサルモネラ属菌が
1位となった。特に1980年後半からは鶏卵関連食品を原因食とする *S. Enter-
itidis* によるサルモネラ食中毒が急増した。

事件数は細菌性が最も多いが，近年は寄生虫による事件数が増えている。
特にアニサキス食中毒の報告数の増加が顕著であり，2017年に230件（患者
数242人）だったアニサキス食中毒の発生件数は，2018年は2倍以上の468

*O抗原・K抗原　細菌を分類
する基準であり，これの抗原の違
いを番号で示す。O抗原は，グラ
ム陰性菌細胞壁の外側に存在する
外膜のリポ多糖を構成するO側
鎖（糖鎖）を指し，K抗原は細菌
の莢膜を指す。

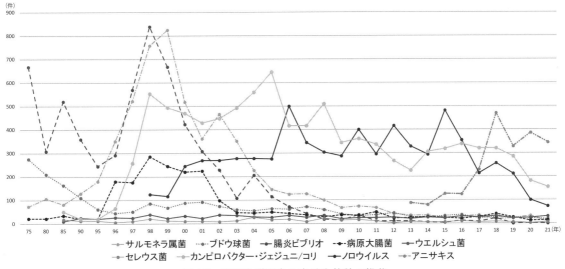

図 4.2　病因物質別食中毒発生件数の推移

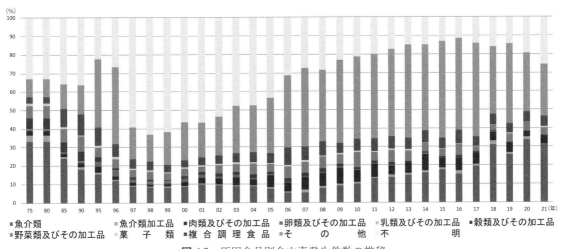

図 4.3　原因食品別食中毒発生件数の推移

件（患者数478人）に達した。また，2013年から食中毒事例として取り扱いされることになったクドアは，事件数としては少ないものの，2014年に43件（患者数429人）が報告され，その他の寄生虫（クリプトスポリジウム等）などの動向についても注意が必要である。

食中毒の原因食品の推移を**図4.3**に示した。近年は魚介類による食中毒の事件数や全体に占める割合が多い傾向にある。また，その他による事件数も多く，原因の多様化が考えられる。一方で原因食品別の患者数は，その他に次いで**複合調理食品***の順となる年が多い。

4.2.3 季節別および原因別発生状況

食中毒発生の病因物質として細菌が多いことから，食中毒細菌の増殖に適した温度と湿度と環境条件が一致しやすい夏場に食中毒の発生件数と患者数が増加する傾向にある（**図4.4**）。しかし，近年は冬場でも発生件数および患者数が多くなっており，これはノロウイルスによる食中毒の増加が関係している。また，春や秋といった季節には自然毒による食中毒事故が増える。アニサキスなどの寄生虫による食中毒は年間を通して発生している。

4.3 微生物食中毒

4.3.1 症状・発症機序による分類

食中毒の症状はさまざまであるが，おおまかには消化器症状型と神経症状型（ボツリヌス菌など）に分けられる。消化器症状型は悪心や嘔吐を主症状

*複合調理食品 コロッケ，ギョウザ，シューマイおよび肉と野菜の煮付等食品 そのものが2種以上の原料により，いずれをも主とせず混合調理または加工されているもので，そのうちいずれが原因食品であるか判明しないもの（厚生労働省食中毒統計作成要領（平成6年12月28日付け衛食第218号）

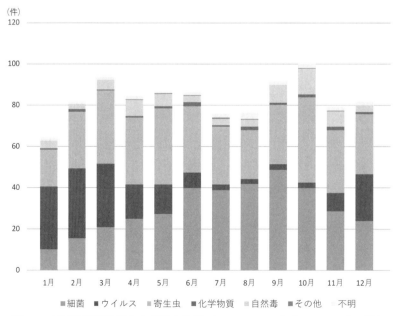

図4.4 原因物質別月別食中毒発生件数（2017〜2021年までの5ヵ年平均）

とする嘔吐型（黄色ブドウ球菌，セレウス菌嘔吐型など），下痢を主症状とする下痢型（腸炎ビブリオ，サルモネラ菌，カンピロバクター，病原大腸菌など）に分けられる。

　食中毒の発症機序によって感染型（サルモネラ菌，カンピロバクターなど），毒素型（ボツリヌス菌，腸炎ビブリオなど），生体内毒素型（ウェルシュ菌，セレウス菌下痢型など）に分けられる。

4.3.2　食中毒の発生要因

　食中毒の発生にはさまざまな要因が絡み合い，主には病因物質，宿主（ヒトや動物），環境要因が相互に関与して発生する。微生物による食中毒の発生は，微生物の病原性の有無や毒力の強弱などによって決まる。例えば，腸管出血性大腸菌 O157 やカンピロバクターは少量の菌量（$10^1 \sim 10^2$ cfu/ヒト）の摂取でも発症することがあり，黄色ブドウ球菌の産生するエンテロトキシンは少量の摂取（$100 \sim 120$ ng/ヒト）で発症する。宿主の年齢，性別，栄養状態，基礎疾患の有無などが食中毒の宿主要因となる。腸管出血性大腸菌やリステリアによる食中毒は小児や老人および基礎疾患者などのハイリスクグループで症状が重くなる傾向がある。環境要因としては食習慣や社会環境の整備および経済状態などがあげられる。例えば，他国に比べて日本では刺身や寿司など魚介類の生食の機会が多いことから，腸炎ビブリオ食中毒が発生しやすい環境であるといえる。また，天候や季節的要因も食品への食中毒菌の汚染，増殖，生残性に大きく影響する。

4.3.3　食中毒の原因食品の推定法

　食中毒が発生した場合，患者の症状や発生人数などの調査のほか，原因食品や原因施設に関する調査を行い，事件の拡大を防止することが重要である。原因施設が特定できても患者が食べた食品が多種類の場合，食中毒の原因食品は容易に特定できない。このような場合，喫食調査を行い，個々の食品や食事について食べた人のうちでの発症者数（a）と非発症者数（b），食べていない人のうちでの発症者数（c）と非発症者数（d）を一覧表（マスターテーブル）にまとめ，このテーブルを基に原因食品を推定する。その際に，カイ二乗（χ^2）検定を行い，ある特定の食品を食べた人の間で，食中毒を発症した確率の有意差（$\chi^2 > 3.84$：危険率 5%，$\chi^2 > 6.63$：危険率 1%，$\chi^2 > 10.87$：危険率 0.1%）を求め，有意差が認められれば原因食品を推定することができる。χ^2 は次式で求める。

$$\chi^2 = \frac{(ad-bc)^2(a+b+c+d)}{(a+b)(c+d)(a+c)(b+d)}$$

　表 4.1 は，ある集団が食事をして食中毒事故が発生した際のマスターテーブルの例である。食べた人と食べなかった人の発症率の差が最も高い食品は

表 4.1 マスターテーブルの例

食品名	発症者（患者）		非発症者		χ^2
	食べた	食べない	食べた	食べない	
	a	c	b	d	
おにぎり	7	7	16	20	0.13
ポテトサラダ	20	5	5	20	18
鶏唐揚げ	17	8	15	10	0.35

ポテトサラダであり，有意差も認められるため，食中毒の原因食品はポテトサラダである可能性が最も高いと推定される。しかし，このような統計学的手法のみでは食中毒の原因を特定することはできず，微生物学的検査や化学的分析による原因物質の検出や特定が必要である。

4.4　細菌性食中毒

4.4.1　感染型食中毒

(1)　サルモネラ属菌

サルモネラ（*Salmonella*）属菌は腸内細菌科に属し，哺乳類，鳥類，爬虫類，両生類など幅広い生物種が保菌しており，これらの動物が菌を含む糞を排出するなどして土壌や河川水が汚染される場合がある。1885年にSalmonとSmithが，豚コレラに罹った豚から分離され，現在は主に血清型によって2,500以上に分類されている。分類学的には *S. enterica* と *S. bongori* の2種である。*S. enterica* はさらに6亜種に分類されている。菌名の表記に際しては，血清型を併記することになっている。例えば，ヒトの食中毒の最も主要な原因血清型である腸炎菌は *Salmonella enterica* subspecies *enterica* serovar Enteritidis が本来の表記であるが，*S.* Enteritidis と略記することが多い。1990年代後半，サルモネラ属菌は腸炎ビブリオと並ぶ日本における代表的な食中毒原因菌であった。

サルモネラ属菌はグラム陰性で通性嫌気性の桿菌であり，大きさは0.7～1.5×2.0～5.0μmである。芽胞は形成しない。周毛性鞭毛を有し活発に運動するが，一部の血清型で鞭毛をもたない非運動性のものも存在する。35～37℃を増殖の至適温度とするが，10～45℃でも発育可能であり，菌が存在する環境によってはさらに低温や高温でも増殖可能である場合がある。

原因食品・汚染経路

代表的な原因食品は鶏卵や食肉である。サルモネラ属菌に汚染された卵を割卵してから室温放置したり，サルモネラ属菌に汚染された食肉や乳，それらの加工品を食べて感染する場合がある。また，サルモネラ属菌はネコやイヌといった愛玩動物，ネズミやゴキブリなどの衛生動物にも広く分布しているため，ペットを触れた手で食べ物を食べたり，衛生動物によってサルモネラ属菌に汚染された食品を食べることで感染する場合がある。サルモネラ属菌に汚染された食品を調理した器具などから他の食品を二次汚

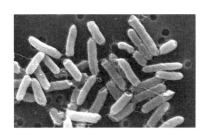

出所）食品安全委員会（内閣府）

図 4.5　サルモネラ菌

染する場合もある。しかし，現在は食肉処理場などの近代化が進み，サルモ
ネラ汚染率は低下してきている。なお，農林水産省市販鶏卵の菌汚染状況調
査（2020 年度）によると，1,870 点の鶏卵（1 点あたり鶏卵 20 個）を卵殻と卵
内容に分けて調査した結果，卵殻については 6 点（0.3％）からサルモネラ（う
ち 1 点は *S.* Enteritidis）が分離され，卵内容については 1 点（0.05％）から *S.*
Enteritidis が分離された。食品安全委員会の 2010 年度調査では，未殺菌液
卵の汚染率は 5 ％程度であった。

症　　状

サルモネラ食中毒の潜伏期間は比較的短く，汚染食品を摂食して通常 8 〜
48 時間で急性胃腸炎を発症する。症状は主に，下痢，腹痛，嘔吐などである。
主症状である下痢は 1 日に数〜十数回におよび，6 日程度で改善する。急激
な発熱（38 〜 40℃）を伴う場合もあるが，4 日程度で改善する。一般に死亡
例は少ないが，小児や老齢者では重症化することもあるので注意が必要である。

予　　防

細菌性食中毒の予防の原則である「つけない（清潔，洗浄）・ふやさない（迅
速，冷却）・やっつける（加熱，殺菌）」を実行するのが大切である。感染源
となるネズミ，ゴキブリ，ハエなどの駆除や侵入防止を十分に行う。食品は
低温貯蔵し，食肉の加熱調理では中心温度 75℃，1 分間以上の加熱が必要で
ある。

(2) カンピロバクター

カンピロバクター（*Campylobacter*）属菌は，2019 年の時点で 32 菌種 9 亜
種に分類されているが，食中毒の原因菌として重要なのは *C. jejuni* と *C. coli*
の 2 菌種である。カンピロバクター食中毒の 90 〜 95％は *C. jejuni* によるも
のである。獣医学領域では古くから家畜の流産菌として知られていた。1913
年，イギリスの McFadyean と Stockman がヒツジやウシの流産菌として報告
し，1919 年に Smith と Taylor が本菌を *Vibrio fetus* と命名した。1963 年，フ
ランスの Sebald と Véron が *Campylobacter* 属を新設した。その後，1970 年
代に菌の分離技術の発展とともに下痢症患者の糞便中から菌が分離されるよ
うになり，現在の *C. jejuni* が下痢の原因菌であることが明らか
にされた。日本では，1979 年に東京都内の保育施設で発生した
集団下痢症の原因菌として *C. jejuni* が初めて検出された。

C. jejuni はグラム陰性のらせん菌で，大きさは 0.2 〜 0.8 × 0.5
〜 5 μm，1 回転の長さは 1.1 μm である。本菌は微好気性菌であ
り，酸素濃度 5 〜 15％，二酸化炭素濃度 7 〜 10％，温度 34 〜 43
℃でよく増殖する。芽胞は形成しない。両端に 1 本ずつ鞭毛を有
し活発に運動する。

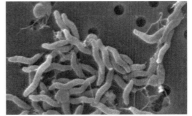

出所）食品安全委員会（内閣府）

図 4.6　カンピロバクター

原因食品・汚染経路

　カンピロバクター属菌はニワトリやウシなどの腸内常在菌で食品や飲料水を介してヒトに感染する。摂取菌数が 100 個程度の少数であっても食中毒を発症する。近年は，生や加熱不足の肉（特に鶏肉）が原因食品となる食中毒事例が多い。生の肉に使った包丁で切った調理済みの食品も原因食品となる場合もある。また，殺菌されてない井戸水や湧き水なども原因になる場合もあるが，これは菌をもっている動物の糞に汚染されている可能性があるためである。ペットからこの菌に感染することもある。農林水産省のブロイラー鶏群のカンピロバクター保有状況調査（2007 ～ 2009 年度）によると，カンピロバクター保有率は約 5 割であった。1990 年台後半から徐々に食中毒事例が増え，現在はノロウイルスと並ぶ食中毒原因である。

症　　状

　カンピロバクター食中毒の潜伏期間は 2 ～ 7 日間と感染型細菌性食中毒の中では比較的長い。発症は菌の腸管上皮細胞への粘着，細胞内侵入と毒素産生などによる。主な症状は発熱（38℃），腹痛，腹部痙攣（けいれん），下痢（水様性）である。下痢は 1 日に数回から十数回におよび，粘液便や血便を伴うこともある。多くの場合 1 週間程度で回復する。まれに敗血症や髄膜炎などを併発し重篤となる。また，C. jejuni の感染後に神経疾患や関節炎，腎症などをきたす報告が多数ある。特に末梢神経疾患であるギラン・バレー症候群との関連性が注目されており，ギラン・バレー症候群の患者の 3 割程度に C. jejuni による先行感染が認められている。

予　　防

　低温に強く，10℃以下で 20 日間以上も生存するが，乾燥や加熱には弱い。発症に必要な菌数は比較的少なく数百個程度の菌数で発症した例がある。そのため，食肉は内部まで十分に火を通し（中心温度 75℃，1 分間以上の加熱），生食は避ける。二次汚染防止のために，食肉を取り扱った後は十分に手を洗ってから他の食品を取り扱い，食肉に触れた調理器具等は使用後洗浄・殺菌を行う。また，未殺菌の井戸水，湧水，沢水などを飲まないことも予防になる。ペットを触ったり糞を扱った後は，石鹸でよく手を洗うようにする。

(3) エルシニア

　エルシニア属（Yersinia）菌で臨床的に重要とされるのは，ペスト菌（Y. pestis），エルシニア・エンテロコリチカ（Y. enterocolitica），偽結核菌（Y. pseudotuberculosis）である。食中毒菌として知られるのは Y. enterocolitica である。Y. enterocolitica は，グラム陰性の通性嫌気性の桿菌で，大きさは 0.5 ～ 1.0 × 1 ～ 2 μm である。芽胞は形成しない。発育可能温度域は 0 ～ 44℃（至適発育温度は 28℃前後）であり，5℃以下の低温で増殖するものもいるの

が特徴である。人獣共通感染症の原因菌であり，周毛性の鞭毛を
もち高い運動性を示す菌株が多い。*Y. enterocolitica* が日本で検出
されたのは1972年と比較的新しく，その後，集団感染事例が報
告されるようになったことから本菌の重要性が注目されるように
なった。厚生労働省の食中毒統計によると，近年では2012～
2018年に散発している。

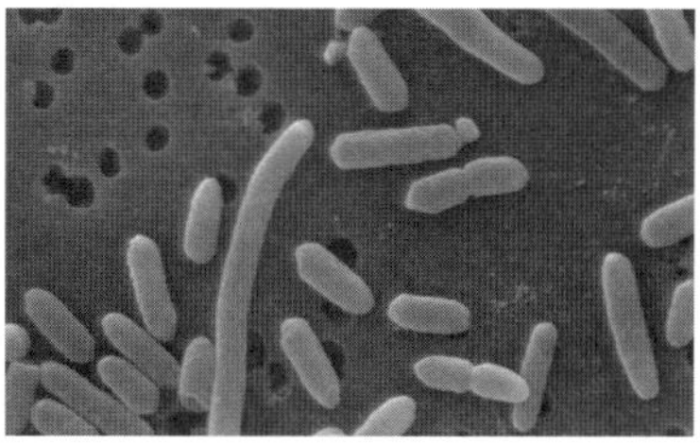

原因食品・汚染経路

　食肉が原因となりやすく，低温貯蔵中に菌が増える。特に豚肉
が食中毒の原因になりやすいが，ほとんどすべての哺乳類や鳥類に感染する
ため，菌をもった動物の糞に汚染された殺菌されてない井戸水や湧き水など
も原因になることがある。生肉の調理に使用した調理器具による二次汚染が
原因となることもある。また，ペットがさわった食品なども原因となる。未
殺菌乳，乳製品，野菜ジュースなども原因食品として報告されている。

症　　状

　潜伏期間は0.5～6日間である。主な症状は，発熱，腹痛（特に右下腹部痛），
下痢などであるが，頭痛，咳，咽頭痛などを伴うことがあるほか，発疹や紅
斑などの症状が見られる場合もある。年齢が高くなるにつれて，他にもさま
ざまな症状を示すことがある。また，敗血症を起こした例もある。

予　　防

　調理時に食材を十分加熱することが本菌の中毒予防に有効である。生肉（特
に豚肉）は長期間の保存を避ける。二次汚染の原因となるので，生肉に触れ
た手や調理器具はよく洗浄し，調理済みや加熱しない食品に触れないように
する。生肉に使った調理器具は洗った後，熱湯をかけると消毒効果があり有
効である。

(4) チフス菌，パラチフスA菌

　腸チフスはチフス菌（*Salmonella enterica* subsp. *enterica* serovar Typhi）に
よって，パラチフスはパラチフスA菌（*Salmonella enterica* subsp. *enterica*
serovar Paratyphi A）によって発症する全身性感染症である。いずれもサル
モネラ属菌が原因菌であるが，一般のサルモネラ感染症とは区別
される。腸チフスおよびパラチフスは3類感染症である。

　チフス菌，パラチフスA菌の形態的特徴はサルモネラ属菌の
項目と同様である。菌体由来のO抗原，鞭毛由来の**H抗原***をも
ち，チフス菌はO9群，パラチフスA菌はO2群に属する。チフ
ス菌は，Vi抗原と呼ばれる莢膜をもち，食細胞内や血清成分に
抵抗性がある。チフス菌，パラチフスA菌ともにヒトにのみ自
然感染し，動物への自然感染はない。通常，腸チフスから回復す

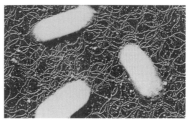
出所）食品安全委員会（内閣府）
図4.7 エルシニア

*H抗原　H抗原もp.35の側注
で示すように細菌を分類する際の
基準である。H抗原は，細菌の鞭
毛を指す。

出所）東京都健康安全研究センター
図4.8 チフス菌

ると終生免疫が成立する。しかし，回復した後も数ヵ月から1年以上にわたって胆道系から排菌する無症状保菌者が存在する。日本における腸チフス，パラチフスの発生は戦後激減し，近年では輸入感染がほとんどである。日本を除くアジア地域やアフリカでの事例が多い。

原因食品・汚染経路

カキなどの生食，豆腐，サラダ，汚染水などが原因となった例が多い。本菌はヒトの糞便で汚染された食物や水が疾患を媒介するため，感染リスクはその地域の衛生環境に大きく影響される。

症　　状

チフス菌の潜伏期間は10〜14日間である。39℃以上の高熱が1週間程度続き，比較的徐脈，バラ疹，脾腫のほか下痢や便秘などの症状を呈する。重症になる場合は昏迷状態になることも多い。治療後に胆嚢内に菌が残り胆嚢内保菌者となる場合がある。無症状病原体保有者はほとんどが胆嚢内保菌者である。パラチフスは腸チフスとほぼ同じ経過をとるが，一般的には軽症である。

予　　防

基本的に，国外での生水，生食は避けた方がよい。チフス菌は，通常，60℃，10〜20分間の加熱で死滅する。腸チフス，パラチフスの予防は，治療後の検査により除菌を確実にし，無症状保菌者を出さないことである。世界的には腸チフスに対する弱毒生ワクチンと不活化ワクチンが実用化されているが，日本ではいずれのワクチンも認可されていない。

(5) リステリア・モノサイトゲネス

リステリア属には8菌種が属し，リステリア・モノサイトゲネス（*Listeria monocytogenes*）はリステリア症の原因菌である。リステリア症が日本で最初に報告されたのは1958年8月に山形県で髄膜炎，11月に北海道で胎児敗血症性肉芽腫症を発症した症例である。当初はペットなどからヒトへ感染する人獣共通感染症細菌として知られていたが，1980年代以降，欧米諸国を中心として牛乳，チーズなどの食品を介したリステリア症の集団発生が相次ぎ，重要な食品媒介感染症のひとつとして捉えられるようになった。リステリア・モノサイトゲネスはグラム陽性で通性嫌気性の短桿菌であり，大きさは0.4〜0.5 × 0.5〜2.0 μmである。芽胞，莢膜は形成しない。生育温度は0〜45℃と広く，20〜30℃では4本の周毛性鞭毛を有し活発に運動する。生育可能なpHは6〜9である。

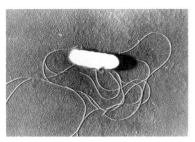

出所）東京都健康安全研究センター

図4.9　リステリア・モノサイトゲネス

原因食品・汚染経路

未殺菌乳，加熱せずに製造される乳製品，食肉加工品，低温保

存の食品などさまざまな食品が原因となる。本菌は加熱調理で死滅するが，冷蔵庫内の温度でも増殖可能なため，消費者が購入後に加熱調理をしない非加熱喫食食品（スモークサーモン，ナチュラルチーズ，サラダ等）を介して食中毒を起こす。そのほか，ネギトロ，魚卵製品（明太子，筋子，たらこ）にも注意が必要である。

症　状

潜伏期間は平均して 3 週間と推定されているが，24 時間未満から 1 ヵ月以上の例があるなど広範囲であり，原因を特定するのが困難となる。健康な成人では，発症しても軽い胃腸炎症状，発熱，頭痛，筋肉痛が現れるか，無症状のまま経過することもある。しかし，高齢者，免疫不全者，乳幼児等は髄膜炎や敗血症等，重篤な症状に陥ることがある。また，妊婦は発熱，悪寒，背部痛が現れ，流産や早産，死産の原因となる。

予　防

食中毒を予防するためには，食品を適正な温度で保存し，できるだけ早く喫食すること，加熱できる食品は十分に加熱することが重要である。妊婦，高齢者，免疫不全者，乳幼児等のハイリスクグループに属する人々はこれらの食品をできるだけ避けること等が重要である。

4.4.2　感染毒素型食中毒（生体内毒素型）

(1) 腸炎ビブリオ

腸炎ビブリオ（*Vibrio parahaemolyticus*）は，1950 年に大阪府で発生したシラス食中毒事件において大阪大学の藤野恒三郎博士らが発見した菌である。1990 年代後半，日本において腸炎ビブリオはサルモネラ菌と並んで頻度の高い食中毒起因菌であった。腸炎ビブリオはグラム陰性で通性嫌気性の短桿菌であり，大きさは 0.4〜0.7 × 1.4〜2.2 μm である。芽胞は形成しない。通常は単毛性の極鞭毛をもつが，周毛性鞭毛をもつ場合もある。増殖温度は 10 〜 42℃（至適温度 30 〜 37℃），増殖 pH は 5.5 〜 9.6（至適 pH 7.6 〜 8.0）である。腸炎ビブリオは好塩性細菌であり，塩濃度 0.5 〜 10%で増殖するが，最適な濃度は 3%前後であり，食塩が存在しなければ速やかに死滅する。夏期に海水温が上昇する沿岸海域，汽水域の海水および水底の汚泥などに分布するが，外洋にはほとんど検出されない。腸炎ビブリオの増殖速度は他の細菌に比べて速く，条件が良いと 10 分程度で 1 回分裂する。腸炎ビブリオは熱に弱く，60℃，10 分間の加熱で死滅する。

主症状の下痢を引き起こす原因物質は，耐熱性溶血毒（thermostable direct hemolysin：TDH）や耐熱性溶血毒類似毒素（TDH-related hemolysin：TRH）という毒素タンパク質である。TDH は

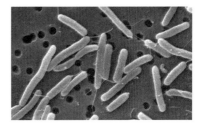

出所）食品安全委員会（内閣府）

図 4.10　腸炎ビブリオ

100℃, 10分間の加熱をしても失活しない耐熱性の毒素だが, TRHは100℃で失活する。腸炎ビブリオのうち, 発症した患者由来株の多くは赤血球の膜に穴をあける溶血性を示すのに対し, 環境由来株の多くは溶血性を示さない。この溶血現象を発見した神奈川県衛生研究所にちなんで神奈川現象という。

原因食品・汚染経路

　本菌は海水中に生息するため, 魚介類の刺身や寿司などが原因食品になりやすい。漬物, 生野菜, 調理済みの食品が原因食品となる場合もあるが, これは生の魚介類の調理に使った包丁などを介した二次汚染が原因である。日本の近海においては海水温度が15℃に上昇する夏期の海水中から検出されることが多く, この時期に漁獲された鮮魚類に腸炎ビブリオが付着している。冬期の海水から検出されることはほとんどないが, 海外旅行者などは季節に関係なく気をつけなければならない。

症　　状

　潜伏期間は12時間前後で, 主症状は腹痛, 下痢, 嘔吐, 発熱である。特徴的なのは上部腹痛に続く水様性の下痢であり, 日に数回から十数回におよび, ひどいと脱水症状を起こす。ときに血液や粘液を含む出血性の下痢を起こす場合がある)。高齢者は症状が重くなることがあるので, 注意が必要である。致死率は低く, 2～3日で回復することが多い。

予　　防

　魚介類は流水でしっかり洗い, 冷凍された魚介類の解凍は, 電子レンジや冷蔵庫の中で行う。二次汚染を避けるために, 生の魚介類に触れた手や調理器具が生野菜などの加熱しない食品や調理済みの食品に触れないようにする。まな板は魚用と野菜用に分けることが望ましく, 包丁などの調理器具は洗浄後の熱湯消毒が有効である。腸炎ビブリオは至適条件下における分裂時間が非常に短く, 菌量が増えても異臭を発生しないため, 魚介類の温度管理には十分に注意を払わなければならない。

(2) ウェルシュ菌

　ウェルシュ菌(*Clostridium perfringens*)は, ヒトや動物の大腸内常在菌であり, 土壌, 下水, 食品などの自然界に広く分布している。ヒトの感染症としては食中毒のほかに, 創傷感染症であるガス壊疽の原因菌として知られている。ウェルシュ菌は1892年にイギリスのWelchとNattalが分離した。ウェルシュ菌による集団食中毒が最初に報告されたのは1943年のKnoxとMacDonaldによる報告であり, 原因食は肉スープであった。ウェルシュ菌はグラム陽性で偏性嫌気性の大型桿菌であり, 大きさは0.6～2.4 × 1.3～19.0 μmである。芽胞を形成する。鞭毛はない。増殖温度は10～50℃と広範であり, 増殖至適温度は43～45℃と高温である。分裂時間は45℃条件下で約

10 分と短い。増殖 pH は 5.5 ～ 8.0 である。ウェルシュ菌の産生するエンテロトキシンは易熱性のタンパク質で，熱（60℃，10 分）や酸（pH 4 以下）で容易に不活化されるが，菌は耐熱性芽胞によって 100℃でも数時間生き残る。ウェルシュ菌は複数種類の毒素を産生するが，主要な毒素として α（レシチナーゼ，致死毒），β（致死毒），ε（致死毒），ι（致死毒）の 4 種類があり，これらの産生パターンによって A ～ E の 5 型に分けられている。病原性の本体として最も重要なものは α 毒素であり，ヒトの病原菌となるウェルシュ菌は α 毒素を産生する A 型菌がほとんどである。

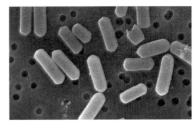

出所）食品安全委員会（内閣府）

図 4.11　ウェルシュ菌

原因食品・汚染経路

　本菌は動物の大腸内常在菌なので，畜産動物の肉はその加工の過程で汚染される場合がある。土壌には芽胞が存在するため農水産物も汚染される。主な原因食品はカレー，シチューなどの食肉，魚介類，野菜類を材料とした煮物であり，加熱調理した後，室温で冷まして放置し，再び加熱することを繰り返した食品が原因になりやすい。特に給食など，一度に大量に調理した食品が原因になることが多い。大量加熱調理後そのまま放置することで，ウェルシュ菌が 10^6 ～ 10^7 cfu/g まで増殖する。加熱調理によって共存細菌の多くは死滅するがウェルシュ菌の芽胞は残存し，その芽胞が加熱によって発芽促進される。また，食品内に含まれる酸素が加熱によって少なくなっていることは嫌気性菌であるウェルシュ菌には好条件であり，加熱後の冷却時に 40 ～ 50℃なると急速に増殖する。

症　状

　潜伏期間は 6 ～ 8 時間であり，喫食後 24 時間以降に発病することはほとんどない。主な症状は腹痛と下痢で，下痢の回数は 1 日に 1 ～ 3 回程度で水様便と軟便である。嘔吐や発熱などの症状はまれで，1 ～ 2 日で回復する。

予　防

　ウェルシュ菌が 10^5 cfu/g 以上に増殖した食品を喫食することで発生することから，食品中で菌が増殖することを防ぐのが重要である。加熱調理食品を大鍋に入れたまま室温で冷却するなどせず，小分けするなどして急速に冷却し，低温に保存する。保存した食品を食べる場合は十分な再加熱を行う。大量調理時に発生することの多い食中毒であり，前日調理，室温放置は避け，できるだけ早く食べるのがよい。

(3) コレラ菌，NAG ビブリオ

　コレラ菌（*Vibrio cholerae*）はコレラの原因菌であり，淡水域を中心に分布する細菌である。コレラは，ガンジス川流域の風土病であったが 19 世紀になってからは世界に広がった。コレラ菌は 1884 年にドイツの Koch によ

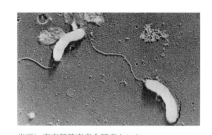

出所）東京都健康安全研究センター

図 4.12 コレラ菌

って菌を分離して発表したが，1854 年にイタリアの Pacini がフィレンツェでのコレラ流行の際に患者からコレラ菌を発見したのが最初である。コレラ菌は，グラム陰性で通性嫌気性の桿菌である。その形状はコンマ状に湾曲しており，大きさは 0.4〜1.0 × 5.0 μm である。芽胞は形成しない。極単毛性鞭毛を有し，活発に運動する。コレラ菌は O 抗原性によって分類され，コレラ毒素を産生するのは O1 型と O139 型であり 3 類感染症のコレラの原因菌である。また，コレラ菌は赤血球凝集能やポリミキシン B 感受性等の生化学的性状の違いからエルトール型とアジア型に分類される。一方，コレラ菌と生物・生化学的性状で区別がつかないが，コレラ毒素を産生しない O1 型と O139 型，O1 型と O139 以外の血清型（*V. cholerae* non - O1，non - O139）を NAG ビブリオ（non-agglutinable Vibrio）と呼び，これらは 3 類感染症の原因菌としては扱わないが，食中毒菌として扱われる。NAG ビブリオは，沿岸海域や河口付近の海水や泥中，プランクトン，魚介類，甲殻類などに広く分布する。NAG ビブリオの一部はコレラ毒素を産生し，耐熱性エンテロトキシンや腸炎ビブリオの耐熱性溶血毒様毒素，赤痢菌の志賀様毒素を産生する菌が食中毒を起こすと考えられている。

原因食品・汚染経路

　ビブリオ属菌はキチナーゼを産生し，水底の泥中の有機物や動物性プランクトン，甲殻類などのキチン質を栄養源として生息しているので，コレラ菌や NAG ビブリオによる食中毒は，菌に汚染された食品を経口摂取することで発生する。

症　　状

　コレラでは，潜伏期間は 1 日以内であり，下痢を主症状として発症する。軽症の場合には軟便の場合が多く，下痢の回数は 1 日に数回程度で，下痢便の量も 1 日に 1 リットル以下である。重症の場合には，腹部の不快感と不安感の後に下痢と嘔吐が始まる。下痢便は "米のとぎ汁様" と形容される白色または灰白色の水様便で，下痢便の量は 1 日に 10 リットル〜数十リットルにも及ぶ。下痢便には粘液や血液が混ざる場合もある。大量の下痢便の排泄に伴い高度の脱水と電解質の喪失によって意識消失や痙攣などさまざまな症状があらわれる。通常，腹痛と発熱は伴わない。治療は大量に喪失した水分と電解質の補給が中心であり，医療機関で適切な処置が行われれば 1 〜 6 日で回復する。

　NAG ビブリオによる食中毒の場合，潜伏期間は数時間から 72 時間以内であり，腹部不快感の後，腹痛，悪心，嘔吐，下痢などの症状がある。下痢はコレラと類似した水様性便から軟便までさまざまであり，血便や発熱（38℃

台）がみられることもある。

予　防

　食品は低温（8℃以下）で保存し，特に魚介類は新鮮なものを購入して，すぐに食べる。汚染が疑われる魚介類は加熱調理してから食べる。また，加熱殺菌や消毒処理していない井戸水などの飲用，それらの水での生野菜等の洗浄に注意が必要である。特に海外においては，生水や生食は避けるべきである。

（4）病原大腸菌

　大腸菌（*Escherichia coli*）は，1985年にオーストリアのEscherichによって発見された。家畜や人の腸内に常在する細菌であり，その大部分は無害である。大腸菌はグラム陰性で通性嫌気性の桿菌であり，大きさは1.1～1.5 × 2.0～6.0 μmである。芽胞は形成しない。周毛性鞭毛をもつが，欠いているものもある。至適発育温度は30～37℃だが，低温や40℃を超える環境でも生育可能である菌株もある。至適発育pHは6～7であるが，pH 4.4～9で発育可能である。人に病気を起こす大腸菌は病原大腸菌と呼ばれ，5種類（腸管病原性大腸菌・腸管侵入性大腸菌・毒素原性大腸菌・腸管凝集性大腸菌・腸管出血性大腸菌）に分類される。腸管出血性大腸菌と毒素原性大腸菌は生体内毒素型食中毒だが，それ以外の3種は感染型食中毒である。この中で，特に注意しなくてはいけない病原大腸菌は，強い病原性をもつ腸管出血性大腸菌である。

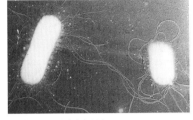

出所）東京都健康安全研究センター

図 4.13　大腸菌

・腸管出血性大腸菌（Enterohemorrhagic *E. coli*：EHEC）

　1982年にアメリカでハンバーガーを原因食品とする食中毒が発生し，患者には出血性の下痢を特徴とした症状が多くみられ，大腸菌 O157：H7が分離された。日本でも，1990年に埼玉県浦和市の幼稚園で井戸水を原因としたO157集団食中毒事件が発生し，園児2名が死亡した。その後，1996年に岡山県邑久町で患者数468名の集団食中毒が発生し，2名の児童が**溶血性尿毒症症候群**（Hemolytic Uremic Syndrome：HUS）*を併発して死亡した。同年に大阪府堺市で患者が数千人を超える大規模な集団発生が起こり，近年になっても毎年3,000人以上の患者数で推移している。O157だけでなく，O26，O103，O111などの血清型が知られている。

　経口摂取された腸管出血性大腸菌は大腸に到達し，腸管細胞に定着する。そして，細胞毒素を産生し，これが病原機構の主要因となる。この細胞毒素はVero細胞に対する細胞毒性を有することからVero毒素と呼ばれたが，毒素の抗原性やサブユニット構造が志賀赤痢菌が産生する志賀毒素に類似していることから，志賀毒素様毒素（Shiga like-toxin：SLT）と名付けられた。志賀毒素様毒素は80℃，10分間の加熱によって不活化する易熱性毒素である。

*溶血性尿毒症症候群（HUS）
溶血性貧血（赤血球の破壊），血小板の減少と急性腎不全（腎臓機能低下）を伴う疾患。

原因食品・汚染経路

　動物（主に牛）の腸管内に常在しており，これが感染源となる。糞便に汚染された水や食肉を調理した包丁やまな板などを介して野菜などが汚染される場合もある。SLT は大きく 2 種に分類され，本菌はそのいずれか，もしくは両方を産生する。SLT は腸管上皮細胞に作用し，タンパク質合成を阻害することで細胞障害を引き起こす。

症　　状

　潜伏期間は 3 〜 8 日間である。激しい腹痛と新鮮血を伴う下痢が数日間続くが，嘔吐はあまり見られない。毒素が血液を介して全身に移行すると，HUS や血栓性血小板減少性紫斑病，脳症などを起こすことがある。HUS による患者の重症化や死亡事例が多い。

予　　防

　本菌は熱に弱く 75℃，1 分間の加熱で死滅する。そのため，調理時に食品の中心部まで十分に熱を通すことで食中毒を予防できる。汚染されている可能性のある食材の調理に使用した器具はよく洗浄し，調理済みや加熱しない食品に触れないようにする。加熱調理後は，できるだけ早く喫食し，保存する場合は 10℃以下で冷蔵保存する。

・腸管病原性大腸菌（Enteropathogenic *E. coli*；EPEC）

　感染型食中毒の原因菌であり，小腸粘膜に密着した後，粘膜上皮細胞の微絨毛を破壊し Attaching and effacing（A/E 障害）と呼ばれる特徴的な病変を生じる。潜伏期間は 12 〜 72 時間で，主な症状は下痢，腹痛，発熱，嘔吐などである。発展途上国では乳児下痢症の主な原因菌となっている。

・腸管侵入性大腸菌（Enteroinvasive *E. coli*；EIEC）

　感染型食中毒の原因菌であり，赤痢菌に似た病原性をもつ。大腸上皮細胞に侵入し，増殖しながら周囲の細胞に広がる。潜伏期間は 12 〜 48 時間で，主な症状は，腹痛，発熱，血便，しぶり腹などであり，大腸や直腸に潰瘍の形成も認められる。発展途上国を中心に食品や水を介して発症がみられ，日本における本菌の分離は海外渡航者の旅行者下痢からである。

・毒素原性大腸菌（Enterotoxigenic *E. coli*；ETEC）

　生体内毒素型食中毒の原因菌であり，旅行者下痢症の代表的な菌である。2 種類のエンテロトキシンを産生し，1 つは 60℃，10 分間の加熱によって失活する易熱性エンテロトキシン（heatlabile enterotoxin；LT）である。もう 1 つは，100℃，10 分間の加熱によっても活性を失わない耐熱性エンテロトキシン（heat-stable enterotoxin；ST）である。ヒト由来の毒素産生株は，いずれか，または両方の毒素を産生し，その産生能はプラスミドによって支配されている。LT はタンパク毒素であり，その分子構造がコレラ菌の産生する

コレラ毒素と非常に似ており，作用機能もコレラ毒素と同じである。潜伏期間は 12 〜 72 時間で，主な症状は激しい水様性下痢である。

・腸管凝集性大腸菌（Enteroaggregative *E. coli*；EAEC）

感染型食中毒の原因菌であり，乳幼児下痢症患者からよく分離される。小腸に定着して耐熱性の腸管毒素（EAST1）を産生し下痢を惹起すると考えられる。潜伏期間は不明で，主な症状は水様性下痢と腹痛である。日本でのEAEC 下痢症の散発事例はあるが，食中毒，集団発生事例の報告は少ない。

（5）赤痢菌

赤痢属菌（Genus *Shigella*）は，その発見者である志賀潔の名にちなんでShigella と名付けられた。赤痢とは経口感染する急性腸炎であり，細菌性赤痢とアメーバ赤痢がある。細菌性赤痢は赤痢菌が原因であり 3 類感染症に指定され，アメーバ赤痢は赤痢アメーバという原虫の感染を原因とする別の病気である。赤痢菌はグラム陰性で通性嫌気性の桿菌であり，大きさは 0.4〜0.6 × 1.0〜3.0 μm である。芽胞は形成しない。鞭毛をもたないため運動性はないが，宿主の上皮細胞内に侵入後は細胞のアクチンを重合することで運動する。本菌は，1897 年に志賀潔によって *Bacillus dysenteriea* として発表されたが，その後，Kruse や Flexner などの研究によって別の菌が発見され，現在は *S. dysenteriae*（A 亜群），*S. flexneri*（B 亜群），*S. boydii*（C 亜群），*S. sonnei*（D 亜群）の 4 つの亜群に分けられ，それぞれ数種の血清型が存在する。DNA 相同性の観点では赤痢菌は大腸菌と同じ菌種となり，EIEC は細胞侵入性の点で，EHEC は産生する毒素において赤痢菌との類似性を有する。しかし，医学上の重要性と慣習から赤痢菌は大腸菌から独立した属として区別されている。

原因食品・汚染経路

患者や保菌者の糞便とともに排出された菌が手指や下着に付着し，それを介して汚染された食品や飲料水によって経口感染する。

症　　状

赤痢菌のうち *S. dysenteriae* のみが志賀毒素を産生し，これに感染した場合は重症化しやすいが，日本における細菌性赤痢は *S. sonnei* によるものが60％以上を占めている。潜伏期間は 1 〜 3 日間で，主な症状は，腹痛，しぶり腹（テネスムス），粘血便だが，*S. sonnei* の場合は軽度な下痢や無症状で経過することが多い。

予　　防

感染経路の遮断が重要である。日本では国外で感染し輸入される事例が大半であるため，汚染地域と考えられる国では生もの，生水，氷などは飲食しないことが重要である。国内では，小児や高齢者などの易感染者への感染を

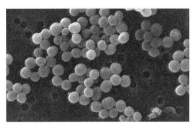

図 4.14 黄色ブドウ球菌

防ぐことが大切である。

4.4.3 毒素型食中毒

(1) ブドウ球菌

ブドウ球菌属（Genus *Staphylococcus*）には 30 種以上の菌種が含まれ，亜種を含めると 40 種を超える。この中で食中毒の原因となるのは黄色ブドウ球菌（*Staphylococcus aureus*）である。本菌は自然界に広く分布し，健常人の鼻腔，咽頭，腸管などにも生息し，その保菌率は 20 ～ 30％であるとされている。1878 年，Koch が化膿巣の膿汁中から発見し，1880 年に Pasteur が培養に成功したとされている。グラム陽性で通性嫌気性の球菌であり，大きさは直径 1 μm 程度，芽胞は形成しない。鞭毛はもたず運動性はない。普通寒天培地でよく増え，ほとんどの菌株が黄色のコロニーを形成する。至適発育温度は 30 ～ 37℃だが，5 ～ 47.8℃で発育可能である。至適発育 pH は 6 ～ 7 だが，pH 4 ～ 10 で発育可能である。また，食塩濃度 16 ～ 18％でも増殖する。マンニット食塩寒天培地ではマンニット分解による培地の黄色化が観察される。また，コアグラーゼ産生を示し，ウサギ血漿を凝固する。これらの生化学的性状を利用して衛生検査も行われる。

本菌が産生するエンテロトキシンを含む食品を摂取することでブドウ球菌食中毒が起こる。エンテロトキシンが産生されるのは，10 ～ 46℃の温度域，pH は 4.0 ～ 9.8 の範囲内であるとされる。また，他の条件が適当であれば食塩濃度 10％でもエンテロトキシンを産生する。エンテロトキシンは抗原性の差によって 7 型に分類される。分子量は 30,000 程度の単純タンパク質だが，耐熱性（100℃，30 分間）や一部プロテアーゼに対する抵抗性がある。

原因食品・汚染経路

原因食品は，おにぎり，寿司，肉・卵・乳などの調理加工品および菓子類など多岐にわたる。手指などの傷口から感染して形成された化膿巣には本菌が多量に存在し，食品取扱者を介した食品汚染には十分に注意が必要である。

症　状

潜伏期間は 0.5 ～ 6 時間とされ，平均は 3 時間である。主な症状は悪心や嘔吐で，通常は 24 時間以内に改善する。また，下痢を呈する場合もある。摂取した毒素量などの違いによって症状には個人差がみられる。まれに発熱やショック症状を伴い，重症例では入院を要する。

予　防

集団食中毒を防ぐために食品製造業者や食品製造従事者への衛生教育の啓発が大切である。手洗いを徹底し，手指に化膿巣のある人は調理に携わらない。髪の毛や唾液にも菌が存在することがあるので，調理時には帽子やマス

クを着用する。毒素は菌の増殖とともに産生されるので，食品製造から消費までの時間を短縮することを心掛ける。すぐに食べられない場合は冷蔵保蔵することが有効だが，菌は低温でも増殖可能であるため過信はできない。また，毒素は耐熱性であるため，加熱調理では破壊できない。

(2) ボツリヌス菌

ボツリヌス菌（*Clostridium botulinum*）は土壌中や河川，湖沼，海の底の泥中など嫌気的な環境に存在する。グラム陽性で偏性嫌気性の桿菌であり，大きさは 0.5〜2.0 × 2.0〜10.0 μm，芽胞を形成する。本菌の芽胞は非常に耐熱性が高く，100℃で数時間，120℃でも少なくとも 10 分間は耐えるものもあるとされる。周毛性の鞭毛をもち運動性を示す。至適発育温度は 37 〜 40℃，発育最低温度は 10 〜 15℃だが，E 型菌は至適発育温度が 28 〜 31℃で発育最低温度は 3℃程度と非常に低いので注意が必要である。発育 pH は 6 〜 7 であるが pH 4.6 で生育する菌株もある。

本菌が産生する神経毒素を含む食品を摂取することでボツリヌス食中毒が起こる。ボツリヌス中毒を意味する botulism は，ラテン語でソーセージを意味する botulus に由来するが，これはヨーロッパで血液ソーセージによる中毒が多発していたためである。1897 年，ハム喫食者による中毒の集団発生を調べたベルギーの Ermengem が本菌を分離し *Bacillus botulinus* と命名し，中毒の原因であることを確認した。

ボツリヌス菌は産生する毒素の抗原性によって A 〜 G 型の 7 型に分類されるが，新型の発見報告や G 型菌を *C. argentinense* の名称に変更する提案がある。また，生化学的性状によって 4 型に分類する場合もある。ヒトのボツリヌス症の原因となるのは A，B，E，F 型であり（F 型の事例は少ない），C および D 型はウシやトリなどの動物で中毒を起こす。

毒素は分子量約 150 kDa の神経毒素に，分子量の異なる無毒成分が結合した毒素複合体を形成している。食品とともに毒素複合体が動物に経口摂取された際，無毒成分は神経毒素を胃酸やプロテアーゼによる分解から保護し，小腸上皮からの吸収促進に寄与すると考えられている。生体内に取り込まれた神経毒素は，コリン作動性神経末端からのアセチルコリンの放出を抑制し，その結果，神経から筋肉への伝達が障害され，麻痺に至る。発症機序の違いにより食餌性ボツリヌス症（ボツリヌス食中毒），乳児ボツリヌス症，創傷性ボツリヌス症，成人腸管定着ボツリヌス症などに分類される。本症は感染症法において 4 類感染症に，また，菌と毒素は二種病原体等として，その所持に関して，厚生労働省の許可が必要と規定されている。これらの所持許可の届出をしていない施設で検査等により菌が分離同定された

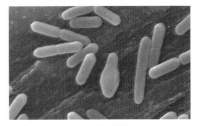

出所）食品安全委員会（内閣府）

図 4.15 ボツリヌス菌

場合は，1日以内の届出，3日以内の滅菌廃棄または他の施設への移管が必要である。

原因食品・汚染経路

　食餌性ボツリヌス症：日本で最初の報告は，1951年に北海道岩内町で発生したニシンのいずしを原因食品としたE型菌による食中毒事例である。その後，自家製いずしや類似の魚類発酵食品でE型菌を原因とした食中毒が発生している。その他，輸入キャビアを原因食品としたB型菌事例，辛子レンコンによるA型菌事例が散発した。原因食品に共通するのは，瓶詰め・缶詰や真空パック詰食品のような酸素がきわめて少ない密封状態で保管する食品である。いずしの場合は，樽漬けの際に底の方が嫌気的になる。

　乳児ボツリヌス症：生後1年未満の乳児がボツリヌス菌の芽胞を経口的に摂取した場合，消化管内で菌が増殖し，産生された毒素の作用により発症する。そのため，本症は生体内毒素型食中毒である。乳児の腸内細菌叢はまだ不安定で，ボツリヌス菌の感染に対する抵抗力が低いと考えられている。1976年に米国で最初の症例報告があり，日本では1986年に千葉県で発生したA型による事例が最初である。原因食品となるハチミツは1歳未満の乳児に与えないよう関係省庁が注意喚起をしている。その他，自家製野菜スープが原因食品として推定された事例もあった。

症　　状

　食餌性ボツリヌス症：原因食品を摂取してから，通常は18時間から48時間で発症する（長期では10日間）。主な症状は，眼瞼下垂，複視，嚥下障害，構音障害等の脳神経障害である。咽頭筋の麻痺による気道閉塞と，横隔膜および呼吸筋における麻痺が呼吸機能障害を引き起こすと窒息の危険性がある。嘔吐，腹痛，下痢といった消化管症状を認めることもあるが，すぐにこれらの症状は便秘となる。

　乳児ボツリヌス症：便秘が数日続き，全身の筋力低下，哺乳力の低下，泣き声が弱くなるなどの症状がみられる。発病時に発熱がみられる症例もある。特徴的な症状として，顔面が無表情となり，頸部筋肉の弛緩により頭部を支えられなくなる症状がみられるほか，食餌性ボツリヌス症と同様な症状も認められる。統計が残る1986年以降，乳児ボツリヌス症による初の死亡例が2017年に報告された。

予　　防

　細菌性食中毒の予防の原則である汚染防止，増殖防止，加熱処理が重要である。ボツリヌス毒素は毒性が高いが易熱性（80℃，20分間または100℃，数分間の加熱で不活化）であるため，摂食前の加熱が有効である。魚介類，食肉類，野菜類が汚染源である可能性が高いため，これらの食材は十分に洗浄

する。真空パック詰食品（容器包装詰低酸性食品）は常温で放置せず冷蔵保存する。1歳未満の乳児にはハチミツを与えてはいけない。

(3) セレウス菌

セレウス菌（*Bacillus cereus*）は，土壌，空気，河川，農産物，水産物，畜産物，飼料など自然界に広く分布している。セレウス菌は1887年にイギリスのFrankland夫妻が最初に発見した。セレウス菌が食中毒の原因菌であることの最初の報告は，1950年にノルウェーのHaugeがバニラソースを原因食品とする下痢型食中毒の報告である。セレウス菌は，グラム陽性で通性嫌気性の大型桿菌であり，大きさは1.0〜1.2×3.5μmである。芽胞を形成する。周毛性の鞭毛を有する。セレウス菌は炭疽菌（*B. anthracis*）と遺伝学的に近縁関係にあり似た生物性状を示すが，セレウス菌には莢膜がなく運動性があるので容易に鑑別可能である。増殖温度は10〜50℃（増殖至適温度28〜35℃）だが，7℃以下の低温で増殖する菌株も存在する。増殖pHは4.9〜9.3（至適pH7.0）である。セレウス菌食中毒は嘔吐型と下痢型に分類され，いずれも菌が産生する毒素が原因であるが，嘔吐型毒素は食物内で菌が毒素を産生するのに対し，下痢型は生体内（小腸）で毒素が産生される。日本では嘔吐型食中毒がほとんどである。

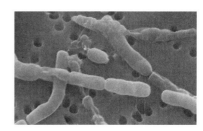

出所）広島市感染症情報センター　健康福祉局衛生研究所生物科学部

図4.16 セレウス菌

原因食品・汚染経路

嘔吐型は，チャーハン，ピラフ，焼きそば，スパゲッティなど穀類やその加工品が原因食品となる。嘔吐型食中毒の発症は，菌が食品中で産生する嘔吐毒（セレウリド）が原因となり，この毒素は分子量約1,200の環状ペプチドである。消化酵素，酸，アルカリに安定で120℃，15分でも失活しないほどの耐熱性もある。

下痢型は，野菜，肉料理，魚料理などあらゆる食品が原因となる。下痢型食中毒は，食物とともに摂取された菌がヒトの小腸で増殖し，産生されるエンテロトキシンによって引き起こされる。このエンテロトキシンは，消化酵素，熱，酸性条件によって容易に失活する。

症　状

嘔吐型食中毒では，0.5〜5時間の潜伏期間の後，悪心，嘔吐が起こる。また，まれに腹部痙攣や下痢がみられることがある。症状は24時間以内に治ることがほとんどである。

下痢型食中毒では，8〜16時間の潜伏期間の後，腹痛，下痢，悪心が起こる。症状は24時間以内に治るが，まれに数日かかることがある。

予　防

嘔吐型および下痢型ともに調理済み食品を常温放置せず，早めに食べるこ

とが予防に重要である。菌は芽胞を形成し，嘔吐毒は耐熱性があるため，放置した食品の再加熱は予防にならない。一度に大量の米飯やめん類を調理して作りおきしないようにし，保存する場合は，小分けにして速やかに冷蔵庫や冷凍庫に入れる。

4.5　ウイルス性食中毒

ウイルスは，粒子単体では増殖することはできず，生きた細胞内に侵入することによって感染が成立する。細菌とは異なり食品中の栄養素を利用して毒素を生産することはない。ウイルス性食中毒とは，患者や保菌者に汚染された飲料水や食品を介して感染するものである。

4.5.1　ノロウイルス*

発見地にちなんで種名を，ノーウォークウイルスという。1本鎖RNAをゲノムとする小型球形ウイルスで大きさは30～35 nmである。エンベロープをもっておらずエタノール消毒に対する耐性が非常に強い。さらに塩素に対しても抵抗性をもっていることから便中に排泄されたウイルス粒子は下水処理施設でも不活化されないで河川へ流入し二枚貝の中に蓄積する。特にカキの生食は感染リスクが高いことが知られている。生食用カキの品質管理強化により集団感染事例は減少している。空腸の上皮細胞に感染し絨毛の萎縮や細胞の扁平化，剥離，脱離を起こして下痢となる。食中毒の症状としては約36時間の潜伏期間を経て悪心，嘔吐，下痢，腹痛，軽度の発熱である。ノロウイルスはヒトの体内以外では増殖しないので衛生管理が重要である。

4.5.2　サポウイルス

サポウイルスはノロウイルスと同じカリシウイルス科に属するウイルスでヒトの小腸粘膜で増殖する。ノロウイルスと同様におう吐，下痢，発熱が主症状である。感染原因としてはカキなどの二枚貝の生食が主であるが，生カキを食べていないのに集団発生する事例があり，人から人への二次感染も考えられている。

4.5.3　ロタウイルス

2本鎖RNAをゲノムとするウイルスで粒子の直径は約100 nmである。A～Gの7つの血清群に分類される。ヒトへの感染は主にA～C群で，特にA群による事例が多い。A群ロタウイルスは乳幼児ウイルス性下痢症の最も多い原因である。ヒトからヒトへと容易に感染することから先進国でも感染事例は多い。主症状は嘔吐と下痢で発熱や腹痛を伴うことも多い。

4.5.4　A型肝炎ウイルス

1本鎖RNAをゲノムとしエンベロープをもたない小型ウイルスである。85℃以上に加熱しないと失活しない。乾燥や界面活性剤，エタノールに抵抗

*ノロウイルス　アメリカオハイオ州ノーウォークで発見された。1968年にノーウォークでの胃腸炎の集団発生が起こり，1972年に患者の糞便液から電子顕微鏡によって小型の球形で表面に突起がある特徴的なウイルスが観察された。

性をもち，pH 3 でも安定である。糞便から排泄されたウイルスが人の手を
介して，水や氷，野菜や果物，魚介類を経て口に入ることで感染する。発展
途上国では蔓延しているが，先進国では上下水道などの整備により感染者は
激減している。ウイルスに感染し，2〜7 週間の潜伏期間の後に，急な発熱，
全身のだるさ，食欲不振，吐き気や嘔吐がみられ，数日後には黄疸（皮膚や
目の白い部分が黄色くなること）が現れる。

4.6　寄生虫による食中毒

寄生虫とは，他の生物の体内や表面に生活し，必要な栄養をそこから得て
生活する生物のうち，動物界，原生動物界に分類される生物のことである。
一般に寄生虫の生活史は複雑で，未成熟な幼虫が寄生する宿主（中間宿主）と，
成虫が寄生する宿主（終宿主）が異なる生物である場合が多い。また，生活
のステージによって特殊な名称が付けられることがあり，寄生虫の生態を理
解することを困難にしている。

寄生虫は分類学的には真核生物であり，食中毒を起こす寄生虫には，単細
胞の原虫と多細胞の蠕虫がある。「蠕虫」とは単細胞生物に対して多細胞性
の寄生虫を表す言葉で，一般にはよく使われるが，分類学では今はあまり使
われていない。詳しい分類を**図 4.17** に示した。

厚生労働省の食中毒統
計では，2012 年までは，
寄生虫を原因とする食中
毒は「その他」の項に分
類されていた。しかし，
薬事・食品衛生審議会食
品衛生分科会食中毒部会
において，アニサキス，

```
生物 ┬ 古細菌
     │ 真正細菌
     └ 真核生物 ── 原生動物··········原虫（サルコシスティス，クリプトスポリジウムなど）
                   粘液胞子虫········クドア
                   扁形動物┬·······条虫（有鉤条虫，無鉤条虫など）
                           └·······吸虫（肝吸虫，肺吸虫など）
                   線形動物··········線虫（アニサキス，旋毛虫など）
```

出所）日本寄生虫学会図説人体寄生虫学編集委員会編：図説人体寄生虫学　改訂 10 版　南山堂（2021），
　　　上村清ら：寄生虫学テキスト　第 3 版　文光堂（2010）を参考に作成

図 4.17　食中毒の原因となる寄生虫の分類

クドア，サルコシスティス等の寄生虫については独立項目として把握すべき
との意見があり，2013 年から「寄生虫による食中毒」として集計されるよ
うになった。

微生物による食中毒と同様に，寄生虫による食中毒も，そのいくつかは経
口感染症・人獣共通感染症にも含まれる。厚生労働省の食中毒統計では，寄
生虫による食中毒は 2020 年は 395 件であった。しかし，食中毒として保健
所が厚生労働省に届け出る寄生虫は，今のところクドア，サルコシスティス，
アニサキス，クリプトスポリジウムにほぼ限られている。それ以外の寄生虫
による食中毒は，感染症として別に報告されているため，実際には厚生労働
省の食中毒統計よりも多くの食中毒が発生していることになる。

4.6.1 魚介類が原因となり感染する寄生虫

(1) アニサキス

アニサキスは線虫の一種で，成虫は終宿主であるクジラやイルカの胃に寄生する。糞とともに海中に虫卵が排泄され，孵化した幼虫は，中間宿主であるオキアミに摂取されて第3期幼虫となる。このオキアミを食べた魚介類の内臓や筋肉内で，幼虫は第3期幼虫のまま待機している。アニサキス症は，この第三期幼虫が寄生している魚介類をヒトが食べることで発症する食中毒である。アニサキス症の原因となる魚介類は，サバ，サンマ，アジ，カツオ，サケ，ヒラメなど，多岐にわたる。アニサキス症を引き起こす線虫には，アニサキス属の *Anisakis simplex*，*Anisakis physeteris* のほか，近縁のシュードテラノバ属の *Pseudoterranova decipiens* がある。シュードテラノバ属の終宿主は，アザラシなどの海獣である。

厚生労働省の統計では，寄生虫による食中毒のほとんどがアニサキスによるものである。2020年の寄生虫による食中毒全件数395件のうち，アニサキスによる食中毒は実に386件であった。

アニサキスの虫体自身によって引き起こされる症状として，食後数時間～数日後におこる胃アニサキス症，腸アニサキス症，消化管外アニサキス症がある。胃アニサキス症は症例の95％を占め，激しい上腹部（胃）痛，嘔吐，悪心を主症状とする。腸アニサキス症は腸にアニサキスが穿入するもので，症状も同様に腹痛，悪心，嘔吐である。消化菅外アニサキス症は，虫体が消化管を突き破り腹腔内に侵入し，大網や腸間膜，皮下などに移行して起こるもので，肉芽腫などを形成することがある。

アニサキスアレルギーは，摂取したのち数分から数時間で，蕁麻疹，血管浮腫，呼吸困難，腹痛などのアナフィラキシー症状を呈する疾患である。近年，消化管のアニサキス症の症状にも，アレルギー反応が関与している可能性が示唆されている。

(2) クドア・セプテンプンクタータ

クドア・セプテンプンクタータ（*Kudoa septempunctata*）は粘液胞子虫に分類される多細胞の寄生虫で，魚類と環形動物（ゴカイなど）を交互に宿主にするといわれているが，詳細な生活環はまだ不明である。ヒラメでは筋組織の隙間に10 μm程度の袋状の胞子が寄生しており，この胞子の中には6つから7つの極嚢と呼ばれる構造物がある。

クドアによる食中毒事例が報告されるようになったのは，比較的最近のことである。2003年ぐらいから，瀬戸内海で魚介類による下痢嘔吐を伴う健康被害が保健所に寄せられはじめたが，原因は不明であった。2009年から2011年にかけての産官学による調査で，ヒラメの刺身を原因とした食中毒

事例の原因が，クドアであることが確定した。2013 年に寄生虫が病因物質
として記録されるようになってから，年間 20 ～ 40 件程度の事例が報告され
ていたが，2019 年は 17 件，2020 年は 9 件，2021 年は 4 件と減少傾向にある。

　クドアによる食中毒は，ヒラメの生食によるものが多く，食後数時間程度
で一過性の嘔吐や下痢を引き起こす。ヒラメ以外の魚介類を介したクドア食
中毒や，セプテンプンクタータ以外の種も，食中毒の原因になりうると考え
られている。

(3)　顎口虫

　顎口虫（*Gnathostoma* spp.）は，旋尾線虫目・顎口虫科に属する線虫で，
多数の鉤のある頭球を有する。国内で食中毒の原因となるのは有棘顎口虫，
剛棘顎口虫，日本顎口虫，ドロレス顎口虫の 4 種だが，剛棘顎口虫は国内に
は生息していない。顎口虫症は，日本では主に淡水魚の生食が原因となるが，
マムシが原因の症例報告もある。東南アジアでは，魚類，爬虫類，両生類の
生食による症例が報告されている。

　顎口虫の成虫は，イヌ，ネコ，ブタなどの哺乳類の胃や食道の壁に寄生す
る。糞とともに環境中に排泄された虫卵は，水中で孵化し，食物連鎖でミジ
ンコからカエル，ドジョウやヤマメ，ライギョなどに移行する。有棘顎口虫
は雷魚，ナマズやドジョウ，剛棘顎口虫は輸入ドジョウ（台湾，韓国，中国），
ドロレス顎口虫はヤマメやコイ，日本顎口虫はドジョウ，ナマズが主な感染
源となっている。

　顎口虫症は，これらの汚染された魚や動物を主に生で摂取することで発症
する。人の体内では幼虫は消化管内に寄生することから，吐き気や腹痛，下
痢，食欲低下などの消化器症状を呈するが，多くは無症状である。感染から
3 週程度で幼虫が消化管から皮膚へと移動し，皮膚の腫れやかゆみ，発赤，
腫瘤などの症状を呈することがある。幼虫の移動により皮膚病変が移動する。
まれに眼球，脳，肺，肝臓などに移行することがある。

　戦後から 1965 年頃までの顎口虫症は主にライギョに寄生した有棘顎口虫
によるものであった。剛棘顎口虫は，1979 年以降，中国や台湾から輸入さ
れたドジョウの喫食による症例が 100 例以上報告されている。

　顎口虫症の報告数は減少しており，1985 年以降は年間 10 例以下となり，
2000 年代に入るとさらに症例は減少した。近年は海外での感染による症例
が多くを占めるが，日本の野生動物のドロレス顎口虫，日本顎口虫の保有率
は高く，国内感染の事例もいまだ散見されている。2002 年には，遊魚であ
るブラックバスの生食による日本顎口虫の感染が報告されたことがある。

(4)　吸虫

　国内で食中毒の原因となる吸虫は，肺吸虫，肝吸虫，横川吸虫である。吸

虫の第一中間宿主は，カワニナやタニシなどの淡水産巻貝，第二中間宿主は魚やカニなどで，終宿主はイノシシ，ネズミなどの哺乳類である。近年は吸虫による食中毒の報告は少なくなっているが，年間数十例以上の事例が未報告であるとの推測もあり，いまだ注意が必要である。

① 肺吸虫

国内では，ウェステルマン肺吸虫（*Paragonimus westermani*）と宮崎肺吸虫（*Paragonimus skr jabini miyazakii*）が食中毒の原因として重要である。淡水産のサワガニ（両種）あるいはモクズガニ（ウェステルマン肺吸虫）を食べて肺吸虫に感染することが多いが，イノシシ肉を食べたことによる感染例もある。肺吸虫が人体に取り込まれると，虫体は胸腔・肺に移行するため，さまざまな呼吸器症状を誘発する。まれに脳や腹腔に移行することがあり，重篤な神経症状を呈する例も報告されている。2004年に，モクズガニの老酒漬を非加熱で提供したことで，ウェステルマン肺吸虫による集団食中毒が発生したことがある。この事件では，モクズガニを喫食した114名のうち肺吸虫の感染者は計4名で，2名は呼吸器症状を呈したが他の2名は無症状であった。この事件は寄生蠕虫（多細胞の寄生虫）としては，アニサキス以外で初めて食中毒として届け出されたものである。

② 肝吸虫

肝吸虫（*Clonorchis sinensis*）は別名肝臓ジストマとも呼ばれており，日本の学者によって生活環が明らかにされた。モロコ，ヒガイ，タナゴ等の淡水魚の皮下や筋肉に0.15 mmほどの幼虫が寄生しており，これらの魚類を食べることによって感染する。成虫はヒトの胆管・胆嚢に寄生し，成虫は体内で15年以上生存するとされる。組織侵入性がなく胆管内にとどまるため，多くは無症状で経過する。ただし多数寄生では右季肋部痛，悪心，嘔吐，腹痛などの症状のほか，肝腫大，胆管炎症状を呈することがある。

③ 横川吸虫

横川吸虫（*Metagonimus yokogawai*）は，日本を含むアジアやシベリアの河川領域に広く分布している。日本では全国に分布するが，特に中部以西に多く分布する。幼虫（メタセルカリア）がアユ，シラウオ，コイなどに寄生しており，感染源としてはアユの生食，酢漬けやうるか（内臓の塩辛），およびシラウオの生食が主な原因である。横川吸虫は体内に取り込まれた後，小腸に寄生して成虫となる。少数寄生では無症状で経過するが，多数寄生した場合は下痢や腹痛を引き起こす。2000年から2004年にかけての虫卵検査では，虫卵陽性率は0.05〜0.01％であったという報告がある。

(5) 日本海裂頭条虫

日本海裂頭条虫（*Diphyllobothrium nihonkaiense*）は条虫綱裂頭条虫科に属

する寄生虫で，サナダムシとも呼ばれる。成虫は，きしめん様の長い外観で，体幅10mm，体長は3〜10ｍにもなる。ヒトやクマ，ネコ，ブタなどの陸上哺乳類のほか，アザラシやトドなどの海洋哺乳類も終宿主となる。海中に排出された虫卵から孵化したコラシジウムが，第一宿主のミジンコに取り込まれプロセルコイドとなり，これを食べた第二中間宿主のサクラマス，カラフトマスの筋肉内で，プレロセルコイドとなる。人の感染は主にこのサクラマスやカラフトマスの生食による。ヒトが摂取してから2〜3週で，排便時に虫体が肛門から下垂することで感染を自覚することが多い。症状は腹痛，腹部膨満感や下痢など軽微な場合が多く，無症状も多い。日本海裂頭条虫の感染は，以前は北海道・東北・北陸に集中していたが，現在では全国的に発生が認められている。2007年から2017年までの10年間で，日本海裂頭条虫の感染例の報告は439件であったが，実際にはその数倍の感染があると推測されている。

(6) 旋尾線虫

旋尾線虫症は，旋尾線虫（*Crassicauda giliakiana*）の幼虫の Type X という種類によって引き起こされる食中毒である。旋尾線虫の幼虫は，ホタルイカやスケトウダラ，ハタハタなどの内臓に寄生しているが，食中毒の主な原因は，内臓ごとホタルイカを生食したことによるものである。旋尾線虫の成虫はツチクジラに寄生するが，詳しい生活環は不明である。ホタルイカは限られた地域の特産品として消費・生食されていたが，輸送技術が発達し遠隔地への輸送が可能になったため，全国各地で同症患者が発生するようになった。症状としては腹痛・嘔気・嘔吐・下痢・小腸の部分的閉塞などの「腸閉塞型」と，皮膚の紅斑や瘙痒感，皮膚爬行疹（ミミズばれ）を呈する「皮膚爬行疹型」がある。1988〜94年に53例，1995〜2003年に49例，2004〜2017年に21例が報告されている。

4.6.2　肉類が原因となり感染する寄生虫

(1) トキソプラズマ

トキソプラズマ（*Toxoplasma gondii*）は，哺乳類や鳥類などの中間宿主の体内で無性生殖を行い，ネコ科の動物の腸の細胞内で成体が有性生殖を行う。ヒトへの感染は，感染した家畜の生肉の摂取のほか，猫の糞便中に排出されるオーシストが存在する環境からの感染もある。ヒトの感染率は年齢により異なるが，5〜10％程度と考えられている。多くは無症状だが，発熱や肺炎，脳炎などを起こすことがある。妊婦が感染すると，母体は無症状でも胎盤を介して胎児に感染する場合があり，流産や，新生児の水頭症や運動障害を引き起こすことがある。これは先天性トキソプラズマ症とよばれ，年間の報告数は5〜10例程度とされているが，実際にはもっと多いとの見方もある。

(2) サルコシスティス・フェアリー

サルコシスティス・フェアリー（*Sarcocystis fayeri*）は，食中毒の病因としては比較的新しく同定された寄生虫で，主に馬肉の生食により食中毒を引き起こす。サルコシスティスは胞子虫類の原虫で，幼虫は，中間宿主である草食動物の筋肉中でサルコシストを形成する。これら中間宿主動物の肉を，終宿主であるイヌ，ネコ科の動物が食べると，消化管でスポロシストが形成され，糞便とともに排出される。2009年から2011年にかけ，一過性の嘔吐や下痢を呈した事例が200件程度報告された。そのうち33件の事例で馬刺しの摂取が認められ，サルコシスティス・フェアリーの関与が疑われた。その後は2013年と2018年にそれぞれ1件が報告されている。食後数時間程度で下痢，嘔吐，胃部の不快感などが認められるが，症状は軽度であり，ヒトに感染して増殖することはない。

(3) 旋毛虫（トリヒナ）

旋毛虫（*Trichinella spp.*）は，線形動物門・双器綱鞭虫目・旋毛虫科に属する線虫で，トリヒナとも呼ばれる。

旋毛虫の宿主はクマ，キツネ，タヌキ，ネズミなどの哺乳類で，成虫と幼虫が同一個体に寄生しており，卵や幼虫が外界に排出されることはない。成虫は1～4mm，幼虫は1mm程度で，小腸粘膜に侵入した成虫（腸トリヒナ）が幼虫を産む。幼虫はリンパや血液により運ばれて，横紋筋に達して被嚢化する。筋肉に寄生した幼虫を筋肉トリヒナといい，別の宿主に食われると，その小腸内で成虫になる。

旋毛虫による食中毒は，日本国内ではこれまでに十数件が報告されている。10人以上が患者となる事例は1970年から80年代にかけて3件であったが，2016年には，クマ肉を原因とする21人の患者が報告された。旋毛虫による食中毒は，クマやブタ肉の生食いや加熱不十分の食品の摂取が原因と考えられている。これまでにブタ肉が原因と推定されている事例が3件あるが，国内生産された食用家畜から旋毛虫が検出された例はなく，ブタ肉が感染源であるか否かは不明である。

旋毛虫症の臨床症状は，腹痛や下痢，発熱，それに続く筋肉痛，眼瞼浮腫などがある。

(4) 有鉤条虫

有鉤条虫（*Taenia solium*）はヒトを終宿主，ブタやイノシシを中間宿主とする条虫である。ブタの体内では虫卵が孵化して六鉤幼虫となり，筋肉などに移行して有鉤嚢虫となる。有鉤嚢虫に感染したブタ肉をヒトが食べることで食中毒となる。ヒトに摂取された有鉤嚢虫は小腸で成虫となり，2～5mに達する。腹部膨満，悪心，嘔吐，下痢，便秘などが現れるが，無症状も多い。

虫卵が体内に入った場合は，腸管で孵化した六鉤幼虫が各臓器に運ばれ人
体有鉤嚢虫症となる。人体有鉤嚢虫症ではどの臓器に運ばれたかで症状が異
なり，皮下や筋肉の場合は無痛性の腫瘤形成，脳では神経症状が出る。

国内では感染はほとんど見られず，海外での感染がまれにみられる。

(5) 無鉤条虫

無鉤条虫（*Taenia saginata*）は，人を固有宿主とする。虫卵を食べた牛の
小腸で六鉤幼虫が孵化し，筋肉に移行して嚢虫となる。ヒトが生焼けの牛肉
を摂取することで感染する。成虫は小腸に寄生し，3〜7mになる。症状が
出ないことが多いが，体重減少・腹痛・下痢・頭痛・吐気，めまいなどがみ
られることもある。有鉤条虫に見られるような虫卵の接収による嚢虫症は認
められていない。国内での感染例はほとんどないが，海外での感染が散発的
にみられる。

(6) 孤虫

孤虫とは，成体が不明の幼虫のことである。孤虫症はイヌやネコを終宿主
とするマンソン裂頭条虫や，スピロメトラ属の条虫の幼虫が原因と考えられ
る食中毒である。ヒトへの感染は，ヘビ，カエル，ニワトリやイノシシの肉
に寄生する孤虫を経口摂取する経路が一般的である。孤虫は10〜20cmの
紐状をしており，人体内では虫体は発育せずに，孤虫のまま皮下にとどまる
ことが多く，皮膚の移動性病変（腫瘤，紅斑，硬結）を主症状とする。まれ
に脳内に移行して痙攣発作や半身麻痺などを発症することがある。孤虫症は，
年間数例が報告されている。

4.6.3　野菜・水が原因となり感染する寄生虫

(1) クリプトスポリジウム

クリプトスポリジウム（*Cryptosporidium parvum*）は，胞子虫類に属する
原虫である。クリプトスポリジウム症は，**オーシスト***に汚染された生水，
生野菜などの喫食が原因で発症し，感染3〜10日で激しい水様性下痢，腹痛，
吐き気などの症状が現れる。

＊オーシスト　原虫の生活環における
ステージのひとつ。接合子の周囲に被膜，被殻が形成されたもの。

日本では1994年に神奈川県平塚市で460人，1996年には埼玉県入間郡で
8,800人が集団感染した報告があり，いずれも水道水の汚染が原因と考えら
れている。2006年に飲食店で4人が感染したが，これは生肉の喫食が原因
と考えられる珍しい事例であった。2015年から2020年にかけては，年間6
人から25人の患者が報告されている。クリプトスポリジウム症は患者や動
物との接触でも感染し，性感染症のひとつでもある。

(2) ジアルジア

ジアルジア（*Giardia lamblia*）（別名ランブル鞭毛虫）は鞭毛虫類に属する
短径5〜8，長径8〜12μmの原虫である。ジアルジア症の症状の多くは

下痢であるが，腹部不快感だけの場合や無症状の場合もある。経口感染は，シスト＊で汚染された下水や糞便の摂取により成立する。感染者は発展途上国からの帰国者が多く，性的感染もある。2015年から2020の間に年間28〜81人，平均で60人程度の感染の報告があった。

(3) サイクロスポラ

サイクロスポラ（*Cyclospora cayetanensis*）は胞子虫類の一種で，人の腸管上皮細胞に寄生する原虫である。人の糞便に排泄されるオーシストは未熟であるため，糞便からの直接感染はない。未成熟オーシストは10日前後で成熟オーシストとなり，感染性を有するようになる。食中毒の原因となるのは，この成熟オーシストに汚染された野菜，飲料水，環境水などである。サイクロスポラ症は成熟オーシストの摂取から1週間程度で発症し，1日数回以上の水様下痢あるいは軟便が反復する。腹部不快感，軽い発熱，体重減少が数週間続く。日本では1996年から2010年までに10数例が報告されているが，その多くが発展途上国からの帰国者であった。

(4) 回虫（ヒト回虫）

ヒトを宿主とする回虫（*Ascaris lumbricoides*）は線虫の一種で，雌は約30×0.5 cm，雄は約20×0.4 cm程度の大きさである。回虫は虫卵を含む糞便に汚染された手や野菜などを介して感染し，回虫症を引き起こす。虫卵の摂取後，小腸で幼虫が孵化し，肝臓，心臓，肺などを経て70〜80日でふたたび小腸に戻って成虫になる。成虫による症状はほとんどないが，幼虫が肺に移行するときに，熱，せきが出ることがある。大量の回虫が寄生した場合には腹痛，吐き気，下痢などが起こる。まれに腸閉塞，急性胆管炎や急性膵炎を起こし死に至ることもある。ヒトの回虫の感染率は，戦前・戦後は40〜60%と高率であったが，2010年の時点では0.002%以下に減少し，近年は輸入した食品を摂取した者や帰国者がまれに発症する程度となっている。

(5) 鉤虫

鉤虫症の原因となるのはズビニ鉤虫（*Ancylostoma duodenale*）とアメリカ鉤虫（*Necator americanus*）という異なる属の2種の線虫である。ズビニ鉤虫はヨーロッパ，南米西岸，北インド，中国北部，日本など温帯地方，アメリカ鉤虫はアフリカ，東南アジア，カリブ海周辺などの熱帯・亜熱帯に分布する。雌成虫は体長10〜12 mm，体幅0.6〜0.7 mm，雄成虫はそれよりも少し小型で，ヒトを固有宿主とする。

ズビニ鉤虫は，感染期幼虫の付着した野菜や浅漬け野菜などを食べることにより感染する。かつては大根の間引葉などの若菜の浅漬けを食べたあとで発症していたことから，若菜病といわれていた。アメリカ鉤虫は経皮感染がほとんどである。いずれも小腸に寄生し，下痢，腹痛などの消化器症状を示

すが，多数寄生すると成虫が小腸粘膜から吸血するために貧血を生じる。日本では 1950 年の陽性率は 4.5％であったが，1980 年には 0.02％となっており，現在日本国内での感染はほとんどみられない。

4.7　化学物質による食中毒

4.7.1　ヒスタミン

アレルギー様食中毒の原因となる炎症性物質の一つであるヒスタミンは，食品中，特に魚肉の腐敗過程で必須アミノ酸のヒスチジンが細菌の脱炭酸反応によって生じ，食品中に蓄積する。ヒスタミンの生成過程を図に示す。主に原因となる食品としては，マグロ，カツオ，サバ，イワシおよびサンマなどの赤身魚があげられる。これは赤身魚の遊離ヒスチジン含量が約 3,000 ～ 12,000 ppm 程度と多いことに起因する一方で，白身魚 のヒスチジン含量は数十から数百 ppm 程度でありヒスタミン食中毒が起こりにくいことが報告されている（山木ほか，2019）。また，海外ではワインやチーズなどでの喫食でも食中毒が発生している（食品安全の事典，2009）。鮮魚や魚加工品のヒスタミン生成菌として，広く知られているのは *Morganella morganii*, *Citrobacter freundii*, *Enterobacter aerogenes*, *E. cloacae*, *Raultella planticola* などの腸内細菌科に属する細菌である。また，海洋由来のヒスタミン生成菌として，中温性の *Photobacterium phoreum* と低温性の *P. damselae* の 2 種類の好塩性ヒスタミン生成菌が存在する。症状としては，高濃度のヒスタミンを含む食品を喫食後 30 ～ 60 分以内に顔面が紅潮し，頭痛，蕁麻疹，発熱などの症状を呈する（同上書）。

図 4.18　ヒスタミンの脱炭酸反応により生成されるヒスタミン

4.7.2　有害元素

ヒトの体を構成する元素は炭素や酸素，カルシウムなどの常量元素と鉄や亜鉛，銅などの微量元素に分けられる。これらの種々の元素は生体内で正常な生命機能を維持するため，生理的に最適な濃度範囲に維持・調節されている。従って，必須の元素であっても多量に摂取すれば体内での恒常性が失われ，食中毒の原因となることもある。そのため，ヒトにおいて必須微量元素であるクロム，マンガン，銅，亜鉛，セレンを含む微量元素や，少量でも毒性が強いヒ素などの元素について，食品衛生法で規格基準や暫定的規制が設けられている。しかしながら，過去には缶詰食品からのスズめっきの溶出や，近年でも金属製の容器への酸性の飲み物の長時間の保管による銅の溶出などにより，食中毒が発生している。また，1998 年には和歌山でのカレーへの混入によるヒ素中毒など，意図的な混入による食中毒事件が発生した。個別の元素による中毒症状については次章で述べるが，元素特有の重篤な疾病と

して，多量元素では栄養障害や水電解質異常，微量元素は生体内の酵素や生理活性物質の機能障害が現れる。有害元素による食中毒予防のため，銅製の食器や調理器具，スズメッキ，カドミウムメッキ，亜鉛メッキなどの容器への酸性の食品などの長期保存を避けることが呼びかけられている。

4.7.3 農　薬

農薬とは，農作物の収量・品質の維持・確保や農作業の負担軽減のために使用される化学物質であり，殺虫剤，殺菌剤，除草剤などに分類される（詳細は次章を参照）。農薬には残留基準値が設けられており，残留基準を超える食品の流通は禁止されるため，通常は食中毒が起きない。しかしながら，意図的な混入により，2008年には中国製の冷凍餃子によるメタミドホス中毒，2014年にはアクリフーズの冷凍食品によるマラチオン中毒が発生している。また，農林水産省によると，誤用による食中毒が2017年度〜2021年度の5年間で毎年2〜8件発生している。農薬は神経系に対する障害作用を示すものが多いため，嘔吐，下痢，腹痛，咽頭痛，頭痛のほか，知覚や運動の末梢神経麻痺，呼吸抑制等の中毒症状が現れる。誤用による食中毒を避けるため，農薬には必ずラベルをつけ，調理場に置かず，保管場所を決めておく必要がある。

4.8　動物性自然毒による食中毒

4.8.1　フグ毒

フグ毒であるテトロドトキシンはフグ科の多種のフグの卵巣，肝臓，腸，皮に毒が蓄積する。筋肉や精巣の毒性は低い場合があり，フグの種類によっては食用にされる。フグの調理には免許が必要である。毒素は海産細菌によって産生される毒素の食物連鎖によりフグに蓄積する。テトロドトキシンは通常の調理方法では分解されない。ヒトの致死量は1〜2mgといわれている。毒性には個体差，季節差，地域差がある。テトロドトキシンの作用機序は神経線維におけるナトリウムイオンの膜透過性を抑制し，活動電位発生を阻害し，小胞からのアセチルコリンの遊離を阻害し，自律神経や運動神経の伝達を遮断する。中毒症状は，口唇や舌の痺れ，指先の知覚麻痺から意識障害，呼吸困難に至る。

4.8.2　シガテラ毒

熱帯，亜熱帯のサンゴ礁周辺に住む大型魚が食物連鎖により有毒化したものを摂取することにより起こる食中毒である。特定の魚種ではなく多くの魚種で食中毒事例が報告されている。有毒プランクトンの渦鞭毛藻がシガトキシンを生産し，それを草食魚から大型の肉食魚へと食物連鎖により蓄積され毒化する。オニカマスはヒトに健康被害をもたらす有毒魚として食用は禁止されている。シガトキシンは，電位依存性のナトリウムチャンネルに特異的

に結合して，チャンネルを活性化することで，神経伝達に異常をきたす。シガトキシンは耐熱性があり加熱調理では無毒化しない。また冷凍処理でも毒性は変わらない。中毒症状は下痢，吐気，嘔吐，腹痛など。これらの症状は概ね食後数時間で発症する。さらに口内に温度感覚異常が起こることがあり，**ドライアイスセンセーション***と呼ばれ，冷たいものに触れた時に電気刺激のような痛みを感じることがある。

*ドライアイスセンセーション（温度感覚異常）　冷たいものに触れた時に電気刺激のような痛みを感じる，冷水を含んだ時サイダーを飲んだように感じる。また，冷気が直接あたる部位や，汗により体温が下がった部位に痛みを感じたりする。掻痒や四肢の痛みは移動しながら断続的に発生し，痒みは特に就寝時にひどくなるため，不眠の原因ともなる。これらの症状は，軽症例では1週間程度で治まるが，重症例では数ヵ月から1年以上継続することもある（厚生労働省 自然毒のリスクプロファイル）

4.8.3　麻痺性貝毒

有毒プランクトンの渦鞭毛藻のアレキサンドリウム属，ギムノディニウム属，ピロディニウム属や淡水産藍藻のアナベナ属，アファニゾメノン属，シリンドロスペルモプシス属，リングビア属によって産生されるサキシトキシン，ネオサキシトキシンおよびゴニオトキシン群などが二枚貝の中腸腺に蓄積して毒化する。アサリ，アカザラガイ，カキ，ホタテガイ，ムラサキイガイなど二枚貝類の他，マボヤとウモレオウギガニでも食中毒が報告されている。麻痺性貝毒はテトロドトキシンと構造が似ており，中毒症状も似る。食後30分程度で軽度の麻痺がはじまり，麻痺は次第に全身に広がり，重症の場合には呼吸麻痺となる。

4.8.4　下痢性貝毒

下痢性貝毒は渦鞭毛藻のジノフィシス属やプロロセントラム属などによって産生されるオカダ酸とその同族体のジノフィシストキシン群である。下痢性貝毒はわが国で最初に発見された貝毒だが，食中毒防止のため，定期的に有毒プランクトンの出現を監視し重要貝類の毒性値を測定しているため下痢性貝毒による食中毒は起こっていない。中毒は，食後30分から4時間程度の短時間で起こり，腹痛，下痢，吐き気，嘔吐が主な症状である。

4.8.5　その他

クロロフィル分解物

2～5月にかけてのアワビ類の中腸腺を摂取した後に光過敏症中毒を起こすことがある。2～5月にかけてのアワビ類には海藻類の葉緑素の分解物であるフェオホルビドa，ピロフェオホルビドaが多量に含まれることがあり食中毒の原因となる。貝が毒化している時は中腸腺の色が濃緑黒色に変化している。光過敏症中毒としては，アワビの中腸腺摂取1～2日後に直射日光を受けると顔面や手足に発赤，腫れ，疼痛が現れる。

テトラミン

北海道など北方に生息する巻貝のヒメエゾボラ（ツブガイ）とエゾボラモドキ（アカバイ）の唾液腺を摂取すると，しばしば食中毒が発生する。食後30分程度で，頭痛，悪寒，酩酊感，眼のちらつきなどが現れる。テトラミンの体外排泄は速く2～3時間で中毒症状は回復する。唾液腺を除去するこ

とで中毒を防止することができる。

4.9 植物性自然毒による食中毒
4.9.1 キノコ
キノコは生物学的には植物ではなく菌類であるが，食中毒分類ではキノコは植物として扱われている。キノコによる食中毒は食用キノコと外見がよく似た毒キノコを間違って食べてしまうことが主な原因である。ツキヨタケ，クサウラベニタケは消化器系に作用し，吐き気，嘔吐，下痢などの症状を起こす。テングタケ，シビレタケは神経系に作用し，幻視，幻聴，知覚麻痺，激しい頭痛，めまいなどを起こす。カエンタケ，ニセクロハツはさまざまな臓器や細胞に作用し，腹痛，嘔吐，下痢から始まり，肝不全，腎不全，循環器不全の併発といった全身症状を呈して，死に至る場合もある。

4.9.2 配糖体
青酸配糖体は，含有植物に共存する酵素や腸内細菌により加水分解されるとシアン化水素，カルボニル化合物および糖に分解される。シアン化水素は細胞呼吸毒性をもち中毒の原因となる。バラ科，マメ科等数百種類以上の植物に青酸配糖体が含まれている。

アミグダリン

ビワ，アンズ，ウメ，モモ，スモモ，オウトウ（サクランボ）などのバラ科植物の種子や未熟な果実の部分には，アミグダリンやプルナシンという青酸を含むシアン化合物が多く含まれる。熟した果肉に含まれるシアン化合物はごくわずかで，通常，果実を食べても問題はない。青梅は，熟していないのでシアン化合物が高濃度に含まれているが，梅干しや梅酒，梅漬けに加工をすることにより，シアン化合物が分解し，大幅に減少する。シアン化合物は酵素や人の腸内細菌により分解されるとベンズアルデヒドと青酸ができる。青酸は，一度に大量にとると，頭痛，めまい，悪心，嘔吐などの中毒症状を起こす。

リナマリン（フォルゼオルナチン）

キャッサバ，ライマメ，アマといった植物の葉および根に含まれている青酸配糖体の一つである。タピオカデンプンの原料となるキャッサバには苦味種と甘味種があるが，前者にリナマリンは多く含まれ加工用として利用され，後者には少なく食用とされる。

4.9.3 アルカロイド含有植物
トリカブト

山地の樹陰や高地の草原などに生える。茎の高さは1m前後。秋に枝分かれした茎の先に独特な兜状の花を咲かせる。花色は一般に紫色で，まれに

白色，淡黄色などがある。全草に有毒アルカロイドのアコニチン系アルカロイドを含有する。口唇や舌のしびれに始まり，次第に手足のしびれ，嘔吐，腹痛，下痢，不整脈，血圧低下などを起こし，痙攣，呼吸不全（呼吸中枢麻痺）に至って死亡することもある。食用野草のニリンソウやモミジガサなどと間違って誤食される中毒事故が多い。

アジサイ

日本原産の園芸植物で，葉は光沢のある淡緑色で葉脈のはっきりした卵形をし，周囲は鋸歯状。6〜7月に紫（赤紫から青紫）の花を咲かせる。料理に添えられていたアジサイの葉を食べたことにより食中毒が発生したことがある。中毒症状は嘔吐，めまい，顔面紅潮である。

スイセン類

多年草で，冬から春にかけて白や黄の花を咲かせるものが多い。葉が細いタイプのスイセンは，ニラに似ているため，花が咲いていないと間違える例が多い。鱗茎はタマネギに似ている。全草にリコリン，タゼチンなどのアルカロイドが含まれている。鱗茎はタマネギと間違えやすい。葉を揉むと（または切ると）ニラはニンニクのような強い刺激臭（ニラ臭）があるが，スイセンの臭いは弱く青臭い。

ジャガイモ毒

発芽した芽の部分，緑化した部分に有毒成分であるグリコアルカロイドのソラニンやチャコニンが含まれている。それらの部位を摂取すると腹痛，嘔吐，めまい，痙攣，などを起こす。このグリコアルカロイドは熱に強く，家庭調理では分解されない。

4.10　人獣共通感染症

感染症とは，生物の体内や表面に病原体が寄生・増殖することで発症する病気をいう。このうち，病原体がヒトにも動物にも感染しうる感染症が人獣共通感染症で，病原体の多くがこの性質をもっている。「感染症の予防及び感染症の患者に対する医療に関する法律」（感染症法）では，感染力と罹患した場合の重篤性などから，感染症を1類から5類その他に分類している（**表4.2**）。

感染症の感染経路には，経口感染，飛沫感染，創傷感染，皮膚感染，粘膜感染などがある。経口感染症の中で，飲食物を介する感染症は医学的には食中毒であるが，その性質から厚生労働省の食中毒統計では計上されず，感染症としてのみ報告されているものも多い。**図4.19**は，感染症，人獣共通感染症および食中毒の関連を示している。

ここでは，食中毒統計では計上されないが，医学的には食中毒である重要

表 4.2　感染症の分類

1 類感染症	エボラ出血熱，クリミア・コンゴ出血熱，痘そう，南米出血熱，ペスト，マールブルグ病，ラッサ熱
2 類感染症	急性灰白髄炎，ジフテリア，重症急性呼吸器症候群（SARS コロナウイルスに限る），結核，鳥インフルエンザ（一部）
3 類感染症	腸管出血性大腸菌感染症，コレラ，細菌性赤痢，腸チフス，パラチフス
4 類感染症	E 型肝炎，A 型肝炎，黄熱，Q 熱，狂犬病，炭疽，鳥インフルエンザ（一部），ボツリヌス症，マラリア，野兎病，エキノコックス症，オウム病，回帰熱，コクシジオイデス症，サル痘，重症熱性血小板減少症候群（SFTS），腎症候性出血熱，ダニ媒介脳炎，日本脳炎，鼻疽，ブルセラ症，ライム病，リフトバレー熱，類鼻疽，レジオネラ症，レプトスピラ症　など
5 類感染症	インフルエンザ（鳥インフルエンザ及び新型インフルエンザ等感染症を除く），ウイルス性肝炎（E 型肝炎及び A 型肝炎を除く），クリプトスポリジウム症，後天性免疫不全症候群，梅毒，麻しん，アメーバ赤痢，感染性胃腸炎，急性出血性結膜炎，クロイツフェルト・ヤコブ病，ジアルジア症，手足口病，伝染性紅斑，突発性発しん，破傷風，百日咳，風しん，薬剤耐性アシネトバクター感染症，流行性角結膜炎，流行性耳下腺炎　など
指定感染症*	感染症法に位置付けられていないが感染症法上の措置を講ずる必要がある感染症
新感染症*	既に知られている感染性の疾病とその病状または治療の結果が明らかに異なるもの
新型インフルエンザ等感染症*	新型インフルエンザ・再興型インフルエンザ

＊感染症の分類は，発生状況，社会状況に応じて変更があるが，指定感染症，新感染症，新型インフルエンザ等感染症に分類される感染症は，特に流動性が大きい。
出所）厚生労働省：感染症法における感染症の分類をもとに作成

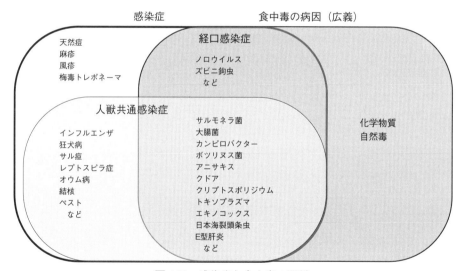

図 4.19　感染症と食中毒の関係

な人獣共通感染症で，飲食物を介して感染する感染症を述べる。

4.10.1　赤痢アメーバ

アメーバ赤痢は，根足虫綱の原虫である赤痢アメーバ（*Entamoeba histolytica*）により引き起こされる感染症で，下痢や血便などの消化器症状を起こす（腸管アメーバ症）ほか，肝臓などに膿瘍を作ることもある（腸管外アメーバ症）。赤痢アメーバは，主にシストに汚染された飲食物の摂取や，感染者との性的接触により感染し，感染者の10〜20％が発症するといわれている。感染者

は途上国からの帰国者によくみられ，流行している地域では，生水，氷，生野菜，カットフルーツなどが主な感染源となっている。サルやブタ，イヌなどにも感染すると考えられているが，感染の伝播に関与しているかどうかはわかっていない。

アメーバ赤痢の年間報告数は，2017 年までは 1,000 例を超えていたが，2018 年以降は 1,000 例以下となり，2020 年の報告数は 611 例であった。

4.10.2 イヌ回虫

犬に寄生するイヌ回虫（*Toxocara canis*）が誤って人の体内に入ると，成虫になれずに幼虫のまま体内で移行する「幼虫移行症」と呼ばれる症状が出る。感染経路としては，公園の砂場などにある虫卵を何らかの経路で経口摂取することや，幼虫が感染しているニワトリやウシのレバーの摂食などがある。感染すると，発熱や全身の倦怠感，食欲不振などのほか，胸痛，肝臓の異常，しびれなど，幼虫が移行した臓器に関連した症状が現れる。眼に入ると視力の低下，眼の痛み，視界に虫が飛んで見える飛蚊症などを生じる。

回虫の幼虫移行症としては，イヌ回虫のほかにネコ回虫もあり，イヌ回虫とネコ回虫（*T. cati*）の幼虫移行症は，トキソカラ症とも呼ばれる。年間数件から 20 件程度の症例報告があるが，実際の発症状況は不明である。

ヒトを固有宿主とする回虫によるヒト回虫症については，4.6.3 に記載されている。

4.10.3 ブルセラ菌

ブルセラ菌は家畜に流産，早産，死産を引き起こす細胞内寄生菌である。開発途上国では家畜との接触や乳製品の摂取により人に感染し，波状熱や関節痛などの症状を引き起こす。現在国内の家畜はほぼ清浄化されており，食中毒の原因としてのリスクは低い。今でも年間 2〜3 例の報告があるが，主に海外での感染が原因と考えられる。ブルセラ属菌は，現在一種（*Brucella melitensis*）にまとめられているが，以前からの慣例であった，ヤギやヒツジ（*B. melitensis*），ウシ（*B. abortus*），ブタ（*B. suis*）など，感染する家畜ごとに菌種を分類することが今でも認められている。

4.10.4 E 型肝炎ウイルス

1 本鎖 RNA のゲノムをもつウイルスで粒子の直径は約 40 nm であり，ヘペウイルスに分類されている。E 型肝炎は東南アジアでは雨期の洪水の後に流行する。潜伏期間は約 6 週間で，症状は A 型肝炎に類似している。ブタ，シカ，イノシシ，ウシなどの多くの動物が E 型肝炎ウイルスに感染している可能性がある。国内では野生シカ肉やイノシシ肉の喫食による感染事例が報告されている。

4.10.5　エキノコックス

エキノコックス属には4種の条虫が含まれるが，公衆衛生上重要なのは，多包条虫による多包性エキノコックス症と単包条虫による嚢胞性エキノコックス症である。日本では北海道に体長4mm程度の多包条虫が分布している。これは1924年にネズミ駆除のために千島列島から移入したアカギツネに寄生していたエキノコックスが定着したものである。北海道のエキノコックスは，キタキツネを終宿主，ネズミを中間宿主としており，キタキツネの糞とともに虫卵が排泄される。この虫卵で汚染された水や山菜などを摂取することでヒトに感染する。北海道ではイヌのエキノコックス感染率は0.5～1%程度と考えられており，糞便の処理には注意を要する。

ヒトが虫卵を摂取すると，5年から20年のち，肝腫大，腹痛，黄疸，肝機能障害などが生じ，肝不全で死に到ることもある。多包条虫によるエキノコックス症は2010年から2020年までに毎年15件から29件の報告があり，感染者はほとんどが北海道在住者か，北海道に行った人であった。単包条虫のエキノコックス症は本州で毎年0～2件の報告があり，海外で感染したものと考えられている。1999年以降，本州でもエキノコックスに感染したブタやイヌの例が散発的に報告されており，定着が懸念されている。

4.10.6　BSEプリオン

BSE（Bovine Spongiform Encephalopathy；牛海綿状脳症）は，牛の脳の組織が海綿状（スポンジ状）となり，異常行動や運動失調を示す疾病で，発病後2週間から6か月で死亡する。BSEは，プリオンという脳のタンパク質が変異した「異常プリオン」によって発症すると考えられている。他の個体から別個体に取り込まれた異常プリオンは，接触すると正常プリオンを異常プリオンに変異させるという感染性をもつ。BSEは1986年に英国で初めて報告され，1990年代にはヨーロッパをはじめ世界中に感染が広まり，ピーク時の1992年には世界で37,000頭以上のウシがBSEに罹患した。日本ではBSEは2001年に初めて報告されている。

人間では，クロイツフェルト・ヤコブ病（Creutzfeldt-Jakob disease；CJD）という異常プリオンによる病気が1920年代から知られていた。CJDは脳の組織が海綿状となり，行動異常や認知症，歩行障害などが現れ，寝たきりの状態となる。ヒトがBSEの牛の異常プリオンを摂取するとCJDを発症する可能性が考えられたため，BSE対策は世界規模の課題となった。

BSEの感染の拡大は，BSEの牛を原料とした肉骨粉（肉や骨なのど残さから製造される飼料原料）を飼料としてウシに食べさせたことが原因と考えられたため，飼料の規制やウシのBSE検査措置が各国で講じられた。日本でも，イギリスやアメリカからの牛肉の輸入を禁止し，BSEの全頭検査を始める

など大規模な対策が講じられた。この結果，BSE の発生数は減少し，2015
年以降，BSE 発生数は世界で毎年 10 頭以下となっている。日本ではこれま
でに 36 頭の牛で BSE が確認されているが，2009 年以降発症は認められて
いない。

【参考文献】
新居志郎代表編：病原細菌・ウイルス図鑑，北海道大学出版会（2017）
荒川泰昭：生命機能を維持する微量元素，日本臨牀 74(7)，1058-1065（2016）
荒川泰昭・小川康恭・荒記俊一：微量元素の代謝と生理的機能，臨床検査，53(2)，
　　149-153（2009）
荒川宜親・神谷茂・柳雄介編：病原微生物学，東京化学同人（2014）
石井俊雄著，今井壮一・最新 獣医寄生虫学・寄生虫病学編集委員会編：最新 獣医寄
　　生虫学・寄生虫病学，講談社（2019）
一色賢司編：食品衛生学（第 2 版）（新スタンダード栄養・食物シリーズ 8），東京化学
　　同人（2019）
井上哲男・河村太郎・義平邦利編：廣川食品衛生辞典，廣川書店（2000）
小熊惠二・堀田博・若宮伸隆編：シンプル微生物学（改訂第 6 版），南江堂（2018）
小熊惠二・堀田博監修：コンパクト微生物学（改訂第 5 版），南江堂（2021）
小崎道雄・椿啓介編：カビと酵母，八坂書房（2007）
河野茂編：ウイルスハンドブック，日本医学館（2008）
厚生労働省監修：食品衛生検査指針 理化学編，日本食品衛生協会（2015）
厚生労働省監修：食品衛生検査指針 微生物編，日本食品衛生協会（2015）
厚生労働省監修：食品衛生検査指針 食品添加物編，日本食品衛生協会（2020）
食品安全ハンドブック編集委員会：食品安全ハンドブック，丸善（2010）
日本食品衛生学会編：食品安全の事典，朝倉書店（2009）
舘博監修：図解でよくわかる 発酵のきほん（図解でよくわかる○○のきほんシリーズ），
　　誠文堂新光社（2015）
（社団法人）日本食品衛生協会編：食中毒予防必携（第 3 版），（社団法人）日本食品衛
　　生協会（2013）
日本農薬学会・環境委員会編：残留農薬分析知っておきたい問答あれこれ（改訂 4 版）
　　（2018）
堀江正一・尾上洋一編著：図解・食品衛生学（第 6 版），講談社（2020）
村田容常・渋井達郎編：食品微生物学（新スタンダード栄養・食物シリーズ 16），東京
　　化学同人（2015）
山口之彦：中国産冷凍ギョウザへの農薬混入事件がもたらしたもの—分析に携わった立
　　場から—，生活衛生，52(4)，215-220（2008）
山木将悟，山﨑浩司：水産物におけるヒスタミン食中毒とヒスタミン生成菌，日本食品
　　微生物学会雑誌，36(2)，75-83（2019）
吉田眞一・柳雄介・吉開泰信編：戸田新細菌学（改訂第 34 版），南山堂（2013）

【参考資料】
厚生労働省：感染症情報
　　https://www.mhlw.go.jp/stf/seisakunitsuite/bunya/kenkou_iryou/kenkou/kekkaku-
　　kansenshou/index.html（2023.7.31）
厚生労働省：食中毒統計作成要領（2019）
　　https://www.mhlw.go.jp/content/000496391（2023.6.11）

厚生労働省：食品別の規格基準

　https://www.mhlw.go.jp/stf/seisakunitsuite/bunya/kenkou_iryou/shokuhin/jigyousya/ shokuhin_kikaku/index.html（2023.3.11）

厚生労働省：自然毒のリスクプロファイル

　https://www.mhlw.go.jp/topics/syokuchu/poison/animal_det_02.html（2023.6.11）

国立医薬品食品衛生研究所：国際化学物質簡潔評価文書　スズおよび無機スズ化合物
（2008）　http://www.nihs.go.jp/hse/cicad/full/no65/full65.pdf（2023.3.11）

国立感染症研究所　https://www.niid.go.jp/niid/ja/（2023.7.31）

国立研究開発法人医薬基盤・健康・栄養研究所：ミネラルについて

　https://hfnet.nibiohn.go.jp/mineral/detail655/（2023.4.8）

国立保健医療科学院：健康被害危機管理事例データベース No.1626　冷凍食品農薬マラ
チオン混入事件

　https://www.niph.go.jp/h-crisis/archives/84287/（2023.3.14）

国立保健医療科学院：健康被害危機管理事例データベース

　https://www.nfnet.nibiohn.go.jp/mineral/detail655/（2023.4.14）

食品安全委員会（内閣府）　食中毒菌の電子顕微鏡写真

　https://www.fsc.go.jp/sozaishyuu/shokuchuudoku_kenbikyou.html（2023.7.31）

東京都健康安全研究センター　アーカイブセンター

　https://www.tmiph.metro.tokyo.lg.jp/archive/gazoudoga/gazou/（2023.7.31）

農薬工業会：農薬はどうして効くの？

　https://www.jcpa.or.jp/qa/a4.html（2023.3.10）

農林水産省：食中毒から身を守るには

　https://www.maff.go.jp/j/syouan/seisaku/foodpoisoning/index.html（2023.7.31）

農林水産省：農薬の使用に伴う事故及び被害の発生状況について

　https://www.maff.go.jp/j/nouyaku/n_tekisei/accident.html（2023.3.20）

農林水産省：有害微生物による食中毒を減らすための農林水産省の取組（リスク管理）

　https://www.maff.go.jp/j/syouan/seisaku/risk_analysis/priority/hazard_microbio. html（2023.7.31）

農林水産省：リスク管理（問題や事故を防ぐ取組）

　https://www.maff.go.jp/j/syouan/seisaku/risk_manage/index.html（2023.7.31）

農薬工業会：農薬中毒の症状と治療法

　https://www.jcpa.or.jp/assets/file/labo/poisoning/poisoning22.pdf（2023.3.10）

広島市感染症情報センター　健康福祉局 衛生研究所生物科学部　電子顕微鏡写真集（ウ
イルス・細菌）

　https://www.city.hiroshima.lg.jp/site/infectious-disease/238.html（2023.7.31）

演習問題

問 1　食中毒の予防に有効な対策である。<u>誤っている</u>のはどれか。

（第 25 回管理栄養士国家試験追試）

　（1）ノロウイルスでは，調理従事者が貝類の生食を避ける。

　（2）サルモネラ菌では，食品を中心温度 75℃ 以上に加熱する。

　（3）ウェルシュ菌では，加熱調理後の冷却を 20℃ 以下まで速やかに行う。

　（4）ボツリヌス菌では，食品を真空包装する。

　（5）腸炎ビブリオでは，食品を真水で洗浄する。

解答　（4）

p. 38「4.4.1 感染型食中毒（1）サルモネラ属菌」，p. 43「4.4.2 感染毒素型食中毒（生体内毒素型）（1）腸炎ビブリオ」，p. 44「4.4.2 感染毒素型食中毒（生体内毒素型）

（2）ウェルシュ菌」，p. 51「4.4.3 毒素型食中毒（2）ボツリヌス菌」，p. 54「4.5.1 ノロ
ウイルス」を参考

問2　細菌性およびウイルス性食中毒に関する記述である。正しいのはどれか。1
つ選べ。 （第 33 回管理栄養士国家試験）

（1）ウェルシュ菌は，通性嫌気性芽胞菌である。

（2）黄色ブドウ球菌の毒素は，煮沸処理では失活しない。

（3）サルモネラ属菌による食中毒の潜伏期間は，5 〜 10 日程度である。

（4）ノロウイルスは，乾物からは感染しない。

（5）カンピロバクターは，海産魚介類の生食から感染する場合が多い。

解答　（2）

p. 38「4.4.1 感染型食中毒（1）サルモネラ属菌」，p. 39「4.4.1 感染型食中毒（2）カン
ピロバクター」，p. 44「4.4.2 感染毒素型食中毒（生体内毒素型）（2）ウェルシュ菌」，
p. 50「4.4.3 毒素型食中毒（1）ブドウ球菌」，p. 51「4.4.3 毒素型食中毒（2）ボツリヌ
ス菌」，p. 54「4.5.1 ノロウイルス」を参考

問3　寄生虫症の主な感染源に関する記述である。正しいのはどれか。1 つ選べ。
 （第 27 回管理栄養士国家試験）

（1）トキソプラズマは，淡水魚類を介する。

（2）回虫は，魚介類を介する。

（3）サイクロスポーラは，肉類を介する。

（4）赤痢アメーバは，生水を介する。

（5）アニサキスは，野菜類を介する。

解答　（4）

p. 56「4.6.1 魚介類が原因となり感染する寄生虫（1）アニサキス」，p. 59「4.6.2 肉類
が原因となり感染する寄生虫（1）トキソプラズマ（*Toxoplasma gondii*）」，p. 62「4.6.3
野菜・水が原因となり感染する寄生虫（3）サイクロスポラ」，p. 62「4.6.3 野菜・水
が原因となり感染する寄生虫（4）回虫（ヒト回虫）」，p. 68「4.10.1 赤痢アメーバ」
を参考

問4　寄生虫に関する記述である。正しいのはどれか。1 つ選べ。
 （第 32 回管理栄養士国家試験）

（1）さば中のアニサキスは，食酢の作用で死滅する。

（2）回虫による寄生虫症は，化学肥料の普及で増加した。

（3）日本海裂頭条虫は，ますの生食によって感染する。

（4）サルコシステイスは，ほたるいかの生食によって感染する。

（5）横川吸虫は，さわがにの生食によって感染する。

解答　（3）

p. 56「4.6.1 魚介類が原因となり感染する寄生虫（1）アニサキス」，p. 57「4.6.1 魚介
類が原因となり感染する寄生虫（4）吸虫」，p. 60「4.6.2 肉類が原因となり感染する寄
生虫（2）サルコシスティス・フェアリー（*Sarcocystis fayeri*）」，p. 62「4.6.3 野菜・
水が原因となり感染する寄生虫（4）回虫（ヒト回虫）」を参考

問5 自然毒食中毒と，その原因となる毒素の組合せである。正しいのはどれか。

　1つ選べ。　　　　　　　　　　　　　　　　（第34回管理栄養士国家試験）

　(1) 下痢性貝毒による食中毒 ──── テトロドトキシン

　(2) シガテラ毒による食中毒 ──── リナマリン

　(3) スイセンによる食中毒 ───── イボテン酸

　(4) イヌサフランによる食中毒 ── ソラニン

　(5) ツキヨタケによる食中毒 ──── イルジン S

解答　(5)

p. 64「4.8.2 シガテラ毒」，p. 65「4.8.4 下痢性貝毒」，p. 66「4.9.1 キノコ」，p. 66「4.9.3 アルカロイド含有植物」を参考

問6 自然毒による食中毒に関する記述である。正しいのはどれか。1つ選べ。

　　　　　　　　　　　　　　　　　　　　　　（第26回管理栄養士国家試験）

　(1) イシナギの肝臓を多量に摂取すると，ビタミン E 過剰症が起こる。

　(2) フグ毒のテトロドトキシンは，加熱することで無毒化される。

　(3) オゴノリ中毒の原因物質は，ソラニンである。

　(4) ツキヨタケ中毒の原因物質は，セスキテルペンである。

　(5) バイ貝毒は，青酸配糖体である。

解答　(4)

p. 64「4.8.1 フグ毒」，p. 65「4.8.5 その他 テトラミン」，p. 66「4.9.1 キノコ」，p. 66「4.9.3 アルカロイド含有植物」を参考

※問題の"バイ貝"は，本書中では p. 65"ヒメエゾボラ（ツブガイ）"を示している。

5 食品中の汚染物質

5.1 カビ毒

　カビは，糸状の菌糸細胞を伸長させて生育する微生物の総称である。糸状菌と呼ばれ，分類学上は酵母やキノコと同じ真菌類に属す。カビ毒（マイコトキシン：Mycotoxin）とは，カビが生産する二次代謝産物の中でヒトや動物に急性あるいは慢性的な障害を起こす有毒物質の総称である。現在までに300種類以上が報告されている。カビ毒を産生するカビのうち特に重要なものは，アスペルギルス属，ペニシリウム属，フザリウム属である（表5.1）。カビ毒は急性毒性に加えて，長期間摂取した場合の発がん性も問題となる。

5.1.1 アフラトキシン

　1960年，イギリスで10万羽以上の七面鳥のヒナが死亡する事件が発生した。原因は飼料のブラジル産ピーナッツに着生していた *Aspergillus flavus* が産生する毒素アフラトキシンであることが判明した。これ以降，カビの危険性が注目されるようになった。

　主要なアフラトキシンを図5.1に示す。アフラトキシンは急性毒性として肝障害を引き起こし，魚類，鳥類，哺乳類など多くの動物に影響を及ぼす。急性毒性の強さは B_1 が最も強く，LD50値はラットに対し，7.2 mg/kg程度

表5.1　主要なマイコトキシンと産生するカビおよび毒性

名称	主な産生カビ	毒性	主な汚染食品
アフラトキシン	*Aspergillus flavus* *Aspergillus parasitics* *Aspergillus nomius*	肝障害，肝がん	トウモロコシ，ピーナッツ，ハト麦，香辛料，豆類
シトリニン	*Penicillium citrinum* *Penicillium viridicatum*	腎障害	米，ハト麦，ライ麦
パツリン	*Aspergillus clavatus* *Penicillium expansum*	臓器出血，脳・肺浮腫	リンゴ，リンゴ加工品
デオキシニバレノール	*Fusarium graminearum* ほか	嘔吐，下痢，内臓出血	麦，米，トウモロコシ
ニバレノール	*Fusarium nivale* ほか	嘔吐，下痢，内臓出血	麦，米，トウモロコシ
ゼアラレノン	*Fusarium graminearum* *Fusarium culmorum*	ブタ生殖障害	麦，トウモロコシ
フモニシン	*Fusarium proliferatum*	脂質の代謝障害，神経管閉鎖障害	トウモロコシ
ステリグマトシスチン	*Aspergillus versicolor* *Aspergillus nidulans*	肝障害，肝がん	穀類
オクラトキシン	*Aspergillus ochraceus* *Penicillium verrucosum*	肝障害，腎障害，肝がん，腎がん	米，麦類，豆類，トウモロコシ，乾燥果実，飲料（ワイン，ビール）

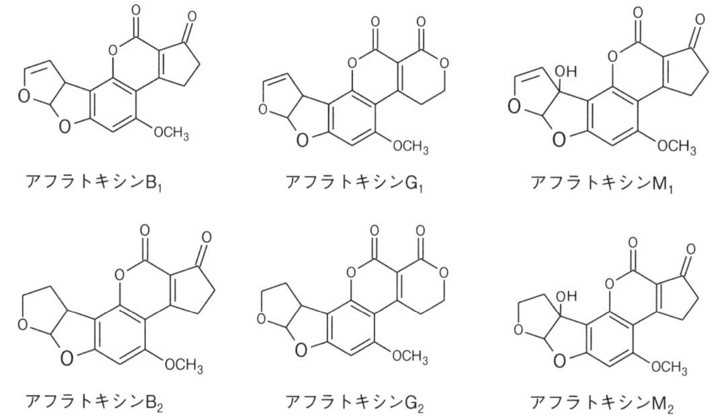

アフラトキシンB₁ アフラトキシンG₁ アフラトキシンM₁

アフラトキシンB₂ アフラトキシンG₂ アフラトキシンM₂

図 5.1 アフラトキシンの構造

である。また，ラットでの長期投与実験の結果から肝がんの発生が認められており，現在知られている物質の中で最も強力な発がん性物質である。アフラトキシン M はアフラトキシン B₁ および B₂ の代謝産物である。アフラトキシン B に汚染された飼料を摂食した家畜の乳に含まれる。アフラトキシンは耐熱性である。分解には 270℃ 以上に加熱する必要があり，通常の加熱調理，加工では分解されない。

アフラトキシンによる農産物の汚染は，南北アメリカ大陸，アフリカ，インド，東南アジア，熱帯・亜熱帯で多発している。温帯や寒帯に属する日本やヨーロッパでの発生は少ない。主にトウモロコシなどの穀類，ピーナッツなどのナッツ類が汚染食品となる。アフラトキシンは多くの国で規制値が設定されている。最も毒性の高い B₁ のみを規制している国と B₁ から M₂ までの総量を規制している国がある。日本では，総アフラトキシン（B₁, B₂, G₁, G₂ の総量）の量が 10 μg/kg を超えてはならないとしている。また，アフラトキシン M₁ の量は 0.5 μg/kg を超えてはならないとしている。

5.1.2　赤カビ毒

フザリウム属のカビは土壌に多く分布し，トウモロコシや小麦に寄生し，赤変させることから赤カビ毒ともいわれる。トリコテセン類，フモニシン，ゼアラレノンなどがある。

トリコテセン類

トリコテセン類は，*Fusarium graminearum* などが産生するマイコトキシンである。急性毒性としては，下痢，嘔吐，腹痛の後に筋肉痛や発熱を引き起こす。また造血機能障害や免疫機能抑制作用などが起こる場合がある。熱に安定であるため，通常の調理加熱では分解されない。トリコテセン類の国内での規制は，デオキシニバレノールのみに対し，暫定基準値 1.1 mg/kg が設けられている。

フモニシン

フモニシンは *Fusarium proliferatum* などが産生する。1988 年に発見され，同族体が 20 種類以上単離され，化学構造も決定されている。特にフモニシン B₁, B₂, および B₃ が食品衛生上問題となり，トウモロコシとその加工品が汚染食品となることが多い。さらに近年は小麦の汚染も懸念されている。

急性毒性は低いが，実験動物においては発がん性を示すことが確認されている。また，脂質の代謝障害や神経管閉鎖障害などを引き起こすことが報告されている。コーデックス委員会が設定したフモニシンに関する最大基準値はフモニシンB_1およびB_2の総量として未加工のトウモロコシ粒は 4,000 μg/kg，コーンフラワーとコーンミールは 2,000 μg/kg である。アメリカでは FDA（アメリカ食品医薬品局）によって，食品としてのトウモロコシに 2～4 mg/kg がガイダンスレベルとして設定されている。日本では農林水産省が家畜用の飼料に対し，フモニシン（B_1，B_2，B_3の総量）の管理基準値を 4 mg/kg と設定している。

ゼアラレノン

ゼアラレノンは多くのフザリウム属の種によって産生される（図 5.2）。内分泌かく乱化学物質（環境ホルモン）の 1 つであり，女性ホルモン（エストロゲン）様の作用を示す。ブタは最も感受性が高く，汚染された飼料により子宮肥大，外陰部肥大，不妊，流産が起こる。

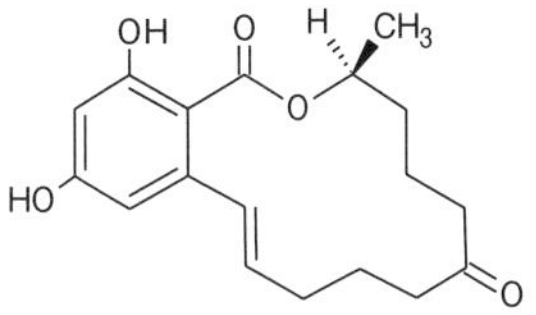

図 5.2　ゼアラレノンの構造

5.1.3　黄変米中毒

シトリニン，ルテオスカイリン，シクロクロロチン

日本では第二次世界大戦直後の食糧難を解消するため海外から米が輸入された。このなかにカビに汚染された米（黄変米）があり，複数のカビ毒が検出された。ペニシリウム属，アスペルギルス属，モナスカス属の一部のカビが産生する。シトリニン（図 5.3）は腎毒性を示し，ルテオスカイリンおよびシクロクロロチンは肝毒性を有する。

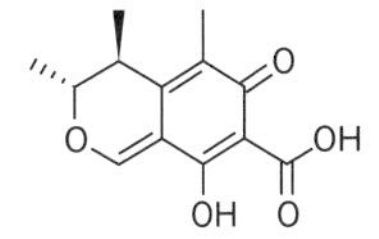

図 5.3　シトリニンの構造

5.1.4　パツリン

パツリンは，*P. expansum*，*A. clavatus* などの糸状菌が産生するカビ毒である（図 5.4）。とくにリンゴの腐敗菌が重要である。実験動物に対し致死的な毒性がみられ，臓器出血などが認められる。腐敗したリンゴおよびその加工品が主な汚染食品となる。リンゴ果汁における規格基準が 0.05 ppm と食品衛生法で定められている。

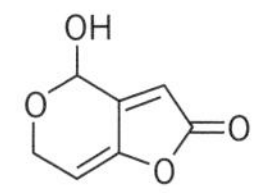

図 5.4　パツリンの構造

5.1.5　その他のマイコトキシン

オクラトキシン

オクラトキシンは，*A. ochraceus* の代謝産物として発見された。アスペルギルス属の他にも *P. verrucosum* などペニシリウム属のカビにより産生される。化学構造の違いからオクラトキシン A，B，C などがあるが食品汚染上，重要なのはオクラトキシン A である（図 5.5）。

オクラトキシンは実験動物において腎毒性および発がん性が認められている。

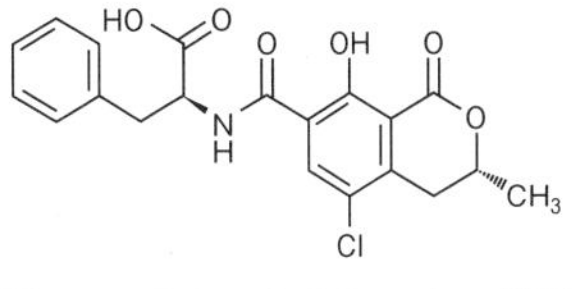

汚染食品としては，米やライ麦，大麦，トウモロコシなどの穀類とそ

図 5.5　オクラトキシン A の構造

の加工品，コーヒー豆，汚染された動物の食肉製品などである。また，バルカン地方での腎臓疾患を特徴とする風土病との関係も推定されている。

ステリグマトシスチン

ステリグマトシスチンは，*A. versicolor*，*A. nidulans* が産生するカビ毒である。これらのカビは世界中に広く分布し，土壌，農作物（特に穀類）から検出される。

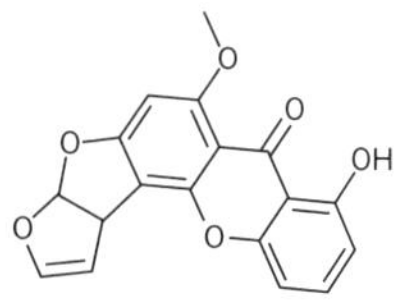

図 5.6　ステリグマトシスチンの構造

ステリグマトシスチンはアフラトキシン B_1 の生合成の中間物質であり，その構造（**図5.6**）は類似している。アフラトキシンに比べると毒性は弱いが肝障害を引き起こす。LD50 値はラットでは，166 mg/kg である。また，動物実験により発ガン性が認められている。

エルゴタミン

子嚢菌類に属する麦角菌（*Claviceps purpurea*）が産生するアルカロイド である。ライ麦や大麦，小麦などのイネ科の蕾に感染して菌核を形成する。蕾は蜜液を分泌し，その中に含まれる胞子により，他の穂へと感染が広がる。果実の代わりに菌核が形成され，これを麦角という。

臨床症状では，腹痛，下痢，嘔吐，悪心，頭痛，知覚異常，妊婦の早期流産などである。慢性中毒では，壊疽や痙攣などの神経性の障害が起こる。

5.2　農　薬

5.2.1　農薬とは

農薬とは，農作物の収量・品質の維持・確保や農作業の負担軽減のために使用される化学物質である。農薬は一般的に用途別に殺虫剤，殺菌剤，殺虫

表 5.2　農薬の用途による分類

種　類	用途
殺虫剤	農作物等を加害する有害な昆虫等を防除する
殺ダニ剤	農作物等を加害する有害なダニ類を防除する
殺線虫剤	根の表面や組織に寄生し農作物等を加害する線虫類を防除する
殺菌剤	植物病原菌（糸状菌や細菌）の有害作用から農作物等を守る
除草剤	農作物等の収量／品質等に悪影響を及ぼす雑草類を防除する
殺虫殺菌剤	殺虫成分と殺菌成分を混合して，害虫，病原菌を同時に防除する
殺そ剤	農作物等を加害するねずみ類を駆除する
植物成長調整剤	植物の生理機能を増進または抑制して，種子を無くしたり結実を増加させたり倒伏を軽減したりする
その他 忌避剤	鳥や獣などが特定の臭い，味，色を嫌うことを利用して農作物等への害を防ぐ
その他 誘引剤	主に昆虫類が特定の臭いや性フェロモンに引き寄せられる性質を利用して害虫を一定の場所に集める
その他 展着剤	添加することで農薬が害虫の体や農作物等の表面によく付着したり，農薬の機能を改善したりする

出所）日本農薬工業会

殺菌剤，除草剤，殺そ剤，植物成長調整剤，その他の7種類に分類される（**表5.2**）。また，剤型に応じた分類（粒剤，粉剤，錠剤，液剤，乳剤等）や，有効成分による分類（有機リン系，ピレスロイド系，ネオニコチノイド系等）もある。これらの農薬は防除効果および約30項目の安全性に関する試験の成績を国に提出し，審査を受け国から農薬としての登録を受けている。その原材料に照らし農作物等，人畜および水産動植物に害を及ぼすことがないことが明らかなものについては特定農薬として定められている。

農薬による中毒症状として，嘔吐，下痢，腹痛，咽頭痛，頭痛が多く見られるほか，農薬は神経系に対する障害作用を示すものも多く，知覚や運動の末梢神経麻痺，呼吸抑制等が挙げられる。

5.2.2　残留農薬基準

食品中の残留農薬が人の健康を損なうことがないよう規制するため，毎日食べ続けていても健康に影響が出ない食品別の最大残留濃度が食品規格残留農薬基準として農薬ごとに設定されている。残留農薬基準値は，食品を通じた農薬の摂取量（1日の作物摂取量および農薬を適正に使用した場合に農作物（食品）中に残る農薬濃度を求める作物残留試験の結果から求める）がADI（Acceptable Daily Intake：その農薬を一生涯にわたって毎日摂取し続けたとしても，健康への悪影響がないと推定される許容1日摂取量）の80％およびARfD（Acute Reference Dose：ヒトが24時間またはそれより短時間の間の経口摂取によって健康に悪影響がないと推定される急性参照用量）を下回るよう設定されている。残留基準を超える食品の流通は禁止される。

5.2.3　ポジティブリスト制度

ポジティブリスト制度とは，残留基準が設定されていない農薬，飼料添加物および動物用医薬品が一定量以上残留する食品の販売等を原則禁止する制度で，2006年に施行された。ネガティブリスト制度では残留農薬基準値があるものを対象に規制するのに対し，ポジティブリスト制度では，残留農薬基準値として，国内登録に基づく基準値，日本で使用されていないが海外で使用される農薬に対して輸入食品を対象にして海外基準値を基に設定する基準値（インポートトレランス），設定すべき基準値が認められない場合に適用する一律基準値（0.01 ppm），農薬の特性として検出されてはならないことを規定する不検出基準のいずれかが設定される。ポジティブリスト制度の対象となる食品には，一般的な農作物，畜産物（食肉，乳製品など），魚介類，加工食品などすべてが含まれる。

5.3 ダイオキシン類

5.3.1 ダイオキシン類の性質および毒性

ダイオキシン類は，ポリ塩化ジベンゾフラン（PCDF），ポリ塩化ジベンゾ－パラ－ジオキシン（PCDD），コプラナーポリ塩化ビフェニル（コプラナーPCB）またはダイオキシン様 PCB の総称である。ダイオキシン類対策特別措

表 5.3　毒性が認められているダイオキシン類異性体

ポリ塩化ジベンゾ－パラ－ジオキシン（PCDD）：7 種

塩素数 （x+y）	同族体の略号	異性体	構造式
4	TCDD（4 塩素化ジベンゾ－パラ－ジオキシン）	2,3,7,8-TCDD	
5	PeCDD（5 塩素化ジベンゾ－パラ－ジオキシン）	1,2,3,7,8-PeCDD	
6	HxCDD（6 塩素化ジベンゾ－パラ－ジオキシン）	1,2,3,4,7,8-HxCDD 1,2,3,6,7,8-HxCDD 1,2,3,7,8,9-HxCDD	
7	HpCDD（7 塩素化ジベンゾ－パラ－ジオキシン）	1,2,3,4,6,7,8-HpCDD	
8	OCDD（8 塩素化ジベンゾ－パラ－ジオキシン）	OCDD	

ポリ塩化ジベンゾフラン（PCDF）：10 種

塩素数 （x+y）	同族体の略号	異性体	構造式
4	TCDF（4 塩素化ジベンゾフラン）	2,3,7,8-TCDF	
5	PeCDF（5 塩素化ジベンゾフラン）	1,2,3,7,8-PeCDF 2,3,4,7,8-PeCDF	
6	HxCDF（6 塩素化ジベンゾフラン）	1,2,3,4,7,8-HxCDF 1,2,3,6,7,8-HxCDF 1,2,3,7,8,9-HxCDF 2,3,4,6,7,8-HxCDF	
7	HpCDF（7 塩素化ジベンゾフラン）	1,2,3,4,6,7,8-HpCDF 1,2,3,4,7,8,9-HpCDF	
8	OCDF（8 塩素化ジベンゾフラン）	OCDF	

コプラナー PCB（Co-PCB）：12 種

塩素数 （x+y）	同族体の略号	異性体 （PCB の異性体番号）	構造式
ノンオルト PCB			
4	TCB（4 塩素化ビフェニル）	3,3',4,4'-TCB（#77） 3,4,4',5-TCB（#81）	
5	PeCB（5 塩素化ビフェニル）	3,3',4,4',5-PeCB（#126）	
6	HxCB（6 塩素化ビフェニル）	3,3',4,4',5,5'-HxCB（#169）	
モノオルト PCB			
5	PeCB（5 塩素化ビフェニル）	2,3,3',4,4'-PeCB（#105） 2,3,4,4',5-PeCB（#114） 2,3',4,4',5-PeCB（#118） 2',3,4,4',5-PeCB（#123）	
6	HxCB（6 塩素化ビフェニル）	2,3,3',4,4',5-HxCB（#156） 2,3,3',4,4',5'-HxCB（#157） 2,3',4,4',5,5'-HxCB（#167）	
7	HpCB（7 塩素化ビフェニル）	2,3,3',4,4',5,5'-HpCB（#189）	

出所）農林水産省　食品安全に関するリスクプロファイルシート（2015）

置法では，PCB のうち，2 つのベンゼン環が coplanar（共平面）である構造を有するもの，および，coplanar でない構造を有するもののうち 2,3,7,8-TCDD と似た毒性を有する 8 種類の PCB をコプラナー PCB と定義している。ごみ焼却による燃焼のほか，製鋼用電気炉，たばこの煙，自動車排出ガス等から非意図的に生成される。また，かつて使用されていた PCB や一部の農薬に不純物として含まれていた。これらダイオキシン類には塩素の数や位置が異なる異性体が，PCDF で 135 種，PCDD で 75 種，PCB で 209 種が存在している。そのうち毒性があるとみなされている 10 種類の PCDF，7 種類の PCDD，12 種類のコプラナー PCB（**表 5.3**）で毒性等価係数 TEF（Toxic Equivalency Factor）（最も毒性の強い 2,3,7,8-4 塩素化ジベンゾ－パラ－ジオキシン（TCDD）の毒性に換算した毒性）が付与されている。耐容 1 日摂取量（ダイオキシン類を人が生涯にわたって継続的に摂取したとしても健康に影響を及ぼすおそれがない 1 日当たりの摂取量）は 4 pg-TEQ（ダイオキシン類の各異性体の濃度に TEF を乗じて合計した毒性等量）/kg とされている。ダイオキシン類には，動物実験により生殖発生毒性，発達毒性，発がん性，免疫毒性が認められている。中でも 2,3,7,8-TCDD は国際がん研究機関（IARC）により人に対して発がん性を示す物質として評価されている。

5.3.2 食品汚染の現状

日本人は主として肉・卵，乳・乳製品，魚介類等の食事からダイオキシン類の大部分を摂取しているが，そのうち約 9 割が魚介類を介して摂取されると推定されている。これらは環境中から食物連鎖を経て魚介類（特に脂肪組織）に蓄積されたと考えられ，農林水産省では優先的にリスク管理を行うべき有害化学物質の 1 つとして，農畜水産物中のダイオキシン類の実態調査を行っている。2020 年度の調査結果では，平均値で 0.0017～0.7 pg-TEQ/g 湿重量が検出され，鶏肉，鶏卵，牛乳については有意な下降傾向および牛肉，豚肉，ホッケでは変動傾向がないことが報告されている。また，食品からのダイオキシン類 1 日摂取量調査等（厚生労働省）が行われ，2020 年度調査における食品からのダイオキシン類の 1 日摂取量は，平均 0.40 pg TEQ/kg 体重/日（範囲：0.11～0.91 pg TEQ/kg 体重/日）と推定され，**耐容 1 日摂取量***を下回っている。

*耐容 1 日摂取量 人が毎日一生食べ続けても何らかの害を及ぼさないと判断される量。

5.3.3 食品中の規制値

ダイオキシン類は副産物として非意図的に発生し，環境中のダイオキシンが食品に混入することから，日本では大気・水質・土壌等における環境中での基準値が設定されているが，食品中の規制値は設定されていない。ただし，ダイオキシン類のうち，環境中に広く残留している PCB については暫定規制値が定められており，食品により 0.1～3 ppm（**表 5.4**）とされている。し

表5.4　PCBの暫定的規制値

食品	暫定的規制値（ppm）
遠洋沖合魚介類（可食部）	0.5
内海内湾（内水面を含む。）魚介類（可食部）	3
牛　乳（全乳中）	0.1
乳製品（全量中）	1
育児用粉乳（全量中）	0.2
肉　類（全量中）	0.5
卵　類（全量中）	0.2

出所）厚生労働省　食品中に残留するPCBの規制について

かしながら，あくまでもPCBは食品に含まれてはならないともされている。

5.4　内分泌かく乱化学物質

内分泌かく乱化学物質とは，ヒトの生体内でホルモン様の働きをするため，甲状腺や生殖器などの内分泌系をかく乱（ホルモン合成の阻害や作用発揮（受容体への結合や遺伝子の調節，たんぱく合成などの作用）の亢進・抑制など）する物質である。

5.4.1　ビスフェノールA

ビスフェノールAはポリカーボネート樹脂やエポキシ樹脂などの原料として使用される化学物質で，食品に接触する容器や乳幼児が口に入れる哺乳瓶やおもちゃから溶出することでヒトが摂取する。そのため，食品衛生法に基づいて，ポリカーボネートを主成分とする合成樹脂製の器具または包装容器からのビスフェノールAの溶出基準は2.5 ppmと定められている。また，一般家庭の食事経由の曝露量は＜0.42～0.42 μg/kg/日との報告があり，ビスフェノールAのヒトに対する耐容1日摂取量0.05 mg/kg体重/日を下回っている。

5.4.2　その他

前述のダイオキシンにも内分泌かく乱作用が指摘されているほか，プラスチックの可塑剤として広く使用されているフタル酸エステル類，界面活性剤や工業製品として使用されたノニルフェノールやオクチルフェノールも内分泌かく乱作用をもつ物質として疑われている。また，後述するトリブチルスズもホルモンの働きをかく乱して形態形成や脂肪代謝に影響を与えていることから内分泌かく乱物質といえ，約800種の化学物質において内分泌かく乱作用が疑われるともいわれている。

5.5　有害性金属

金属の中には生物にとって生理上必要不可欠なものもあり，体内で合成できないため，食品からの摂取が必要である。一方で，必須の金属であっても多量に摂取すれば人体に影響を与える。また，一部の金属は低濃度であってもヒトへの影響が指摘されている。

5.5.1　水銀Hg

水銀は鉱物や土壌，海水，底質などの中に天然に存在し，無機水銀と炭素と結合した有機水銀とに分けられる。無機水銀には金属水銀のほか，酸化物

や硫化物として存在するものが含まれ，有機水銀にはメチル水銀，ジメチル水銀などがある。魚介類中に含まれる水銀はほとんどがメチル水銀であり，環境中の水銀を微生物がメチル化することで生成される。

　メチル水銀は4大公害のうち，熊本や新潟で起きた水俣病の原因物質として知られている。メチル水銀は脂溶性で**生物濃縮**を生じやすく*，水俣病は，アセトアルデヒドの生産に伴って排出された無機水銀がメチル水銀へと変化し，メチル水銀で汚染された魚介類をヒトが摂取することで発生した。メチル水銀は消化管から吸収された後，血液により肝臓や腎臓，脳などに移行し，神経障害や発達障害を引き起こす。

　水銀・メチル水銀の暫定耐容1週間摂取量（PTWI：ヒトが一生にわたり摂取し続けても健康影響が現れない1週間あたりの摂取量）は，総水銀 4 μg/kg体重/週，うちメチル水銀は 1.6 μg/kg 体重/週と設定されている。しかしながら，メチル水銀は胎盤を通過し，胎児性水俣病（母親は水俣病を発症していないが，生まれた子供で水俣病を発症）を引き起こすほか，低濃度でも胎児期曝露による子供の成長に対する負の影響が懸念されていることから，内閣府の食品安全委員会は妊娠またはその可能性がある女性を対象にメチル水銀の耐容1週間摂取量を水銀として 2 μg/kg 体重/週とし，厚生労働省は妊婦への魚介類の摂食と水銀に関する注意事項（**図 5.7**）により，水銀濃度が高い魚介類を偏って多量に摂取することを避けるよう推奨している。食品中の基準値は，マグロ類，内水面水域の河川産の魚介類（湖沼産を除く）及び深海性魚介類を除き，総水銀 0.4 ppm（0.4 mg/kg），メチル水銀 0.3 ppm（0.3 mg/kg）である。魚介類中のメチル水銀は，一般的に 0.4 ppm（mg/kg）以下であるとされているが，食物連鎖の高い位置をしめる魚類では 5 ppm を超えることもあり，高齢，大型の肉食性の種類の魚や歯クジラ類は比較的高濃度のメチル水銀を含むとされている。1999〜2008 年の日本人の平均的な水銀の摂取量は 8.2 μg/人/日（総水銀）であり，PTWI の約 57％であることから，平均的な食生活をしている限り，健康への影響について懸念されるようなレベルではないと考えられている。

5.5.2　ヒ素 As

　ヒ素は鉱物や土壌，海水，底質などの中に有機ヒ素または無機ヒ素として存在する。無機ヒ素で毒性が強く，発熱，下痢，嘔吐等の急性中毒の症状を起こすほか，発がん性（主に皮膚，肺，膀胱）が知られている。日本では1955 年に森永ヒ素ミルク中毒事件が発生し，皮膚の黒染，発熱，肝腫，貧血を症状とする乳幼児患者が確認された。

　ヒジキなどの海藻に比較的高い濃度で含まれるほか，農産物の中では米にやや多く含まれる。そのため，総ヒ素の摂取量のうち8割以上が魚介類，海

*生物濃縮　微量な有害物質が食物連鎖の過程を通して生体内で順次濃縮されていく現象を生物濃縮という。食物連鎖の頂点に立つ人間は，生物濃縮された有害物質を含む動植物を摂取することで有害物質の濃度を高め，健康に大きな影響を受ける危険性がある。有機水銀による水俣病，カドミウムによるイタイイタイ病は工場廃棄物の生物濃縮による食品公害事件である。

表5.5　ヒ素の食品中の基準値

食品	基準値
農産物（残留農薬基準値として設定） ・もも，なつみかん，いちご，ぶどう，ばれいしょ，きゅうり，トマト，ほうれんそう ・日本なし，りんご，なつみかんの外果皮	1.0 ppm（1.0 mg/kg） 3.5 ppm（3.5 mg/kg）
畜産物，水産物	なし
ミネラルウォーター類（殺菌・除菌無）	0.05 mg/L 以下
ミネラルウォーター類（殺菌・除菌有）	0.05 mg/L 以下
ミネラルウォーター類以外の清涼飲料水	不検出

出所）農林水産省　食品安全に関するリスクプロファイルシート（2018）

藻由来であるとされ，農産物では米からの摂取寄与が比較的大きい。米やヒジキには無機ヒ素が多く含まれる。

ヒ素の健康影響を評価するためにはデータの蓄積が必要とされているものの，2006〜2010 年度の食品からの平均摂取量の推定量は総ヒ素で約 200 μg/人/日，無機ヒ素で約 20 μg/人/日で，食品からの摂取の現状に問題があるとは考えられていない。

過去にはヒ素を含む農薬が使用されていたことから，残留農薬基準値として農産物の種類により 1〜3.5 mg/kg と定められているほか，ミネラルウォーター類で 0.05 mg/L 以下とされている（表5.5）。また，水道水質基準として 0.01 mg/L 以下と定められている。

5.5.3　カドミウム Cd

カドミウムは天然に広く存在する元素で，銅や亜鉛などの鉱石に含まれている。そのため，過去には鉱山から排出されたカドミウムが河川水や流域の土壌を汚染し，この河川水や汚染された農地から収穫された米などを通じて体内へと摂取され，4 大公害の 1 つであるイタイイタイ病が引き起こされた。カドミウムの慢性毒性として腎障害と骨代謝異常が知られている。

農産物を中心に実態調査が毎年行われており，日本の食品の中では米麦，大豆，野菜類などの農産物のほかに，イカ，タコなどの頭足類やエビ，カニなど甲殻類の内臓など水産物にも比較的高い濃度で含まれる。野菜中のカドミウム濃度は穀物や大豆と比べて低い傾向で，米でカドミウムの摂取の寄与が大きい。カドミウムの耐容摂取量は食品安全委員会により 7 μg/kg 体重/週と評価されている。2009〜2014 年度の全農産物から推定されるカドミウムの平均摂取量は 0.32 μg/kg 体重/日であり，耐容摂取量を下回っていることから，通常の食生活を送っていれば食品に含まれるカドミウムによって健康が損なわれることはない。また，食品中の基準値は米で 0.4 ppm 以下，ミネラルウォーター類で 0.003 mg/L 以下と定められている。

5.5.4　銅 Cu

銅は肉類，魚，甲殻類，アボカド，木の実，豆類などに多く含まれる。また，内面の損傷等がある銅製器具を用いた，スープストック，焼きそば等の食品の長時間保存や，洗浄後の水切りが不十分で水が溜まっていたものをそのまま使用するなどにより，大量の銅イオンが食品へ移行し，まれに中毒を発症する。耐容上限量は 18〜29 歳の男性で 10 mg/日 とされている。平成 28 年国民健康・栄養調査における日本人成人（18 歳以上）の銅摂取量（平均値 ± 標準偏差）は，1.2 ± 0.4 mg/日（男性），1.1 ± 0.3 mg/日（女性）であり，通常の食生活において銅の過剰摂取が生じることはないとされている。銅を過剰摂取した場合，肝臓から胆汁への銅の排出に変異が生じるウイルソン病の恐れがあり，肝臓，脳，角膜に銅が蓄積し，角膜のカイザー・フライシャー輪，肝機能障害，神経障害，精神障害，関節障害などが生じる。

5.5.5　スズ Sn

スズは金属スズのほか，無機スズと有機スズに分けられる。無機スズには酸化物，硫化物，塩化物などがあり，塩化スズ（IV），酸化スズ（II），フッ化スズ（II），スズ酸カリウム・ナトリウムなどが含まれる。有機スズは，アルキル基やアリール基とスズが結合した化合物の総称である。アルキル基やアリール基が 1 個結合したモノ体，2 個のジ体，3 個のトリ体，4 個のテトラ体まで多くの種類があり，モノブチルスズ，ジブチルスズ（DBT），トリブチルスズ（TBT），トリフェニルスズ（TPT）などが含まれる。有機スズ化合物は，無機スズ化合物と比較して毒性が強い。

スズは他金属の防護被膜として食品容器に使用されており，DBT は二塩化ジブチルスズとして材質中 50 μg/g 以下とされている。ほとんどの未加工食品では，無機および総スズ濃度は通常 1 mg/kg 未満であるが，缶詰食品ではスズ被膜またはスズめっきの溶出によって，スズ（II）濃度が上昇する可能性がある。TBT および TPT は，1960 年以降，防汚製剤に殺藻および軟体動物駆除などの目的で用いられてきたが，TBT が貝のインポセックスを誘発することが知られるようになり，魚介類に濃縮された TBT や TPT による健康影響や生態影響が懸念されたため，最終的に有機スズ化合物は 1997 年に製造と使用が中止された。

許容 1 日摂取量（ADI）は TBT で 0.25 μg/kg 体重/日，TPT で 0.5 μg/kg 体重/日，酸化トリブチルスズ（TBTO）で 1.6 μg/kg 体重/日と定められている。塩化トリブチルスズおよび TPT の摂取量はそれぞれ 1990〜1997 年に行われた調査で 3.9 μg/kg 体重/日（TBT 換算で 0.14 μg/kg 体重/日），1992〜1997 年に行われた調査で 0.6〜2.7 μg/kg 体重/日と報告されており，それぞれ体重 50 kg 換算の TBTO および TPT の ADI の 0.18%，2.4〜10.8

%に相当することから，魚介類中の TBT および TPT 化合物の残留実態は食品衛生上直ちに問題となるレベルにはないとされている。

トリ体の中毒症状としては四肢の脱力・麻痺，全身の振戦などである。経皮，吸入曝露ともに重症例では激しい頭痛，強い嘔吐，心窩部痛を訴え失神状態に至る。ジ体は皮膚，粘膜に対して刺激作用がある。モノ体の毒性は，ジ体およびトリ体に比べ低毒性である。塩化スズ（II）などのスズ塩は，消化管刺激，吐き気，嘔吐，腹部痙攣，下痢を引き起こす可能性がある。近年では TBT の次世代影響も懸念されている。

5.5.6　鉛 Pb

鉛は大気中の鉛の植物表面への降下など，環境中から意図せず農作物へと移行もしくは食品の加工・貯蔵の過程で鉛を使用した製品から移行する可能性がある。PTWI として 25 μg/kg 体重/週が定められているほか，食品安全委員会により，食品中の基準値は農産物の種類により 1～5 mg/kg，ミネラルウォーターで 0.05 mg/L 以下，清涼飲料水で不検出と定められている（**表5.6**）。農林水産省による調査では，摂取量の多い米や野菜からの鉛の摂取量が多いが，米や野菜中の鉛濃度はほとんどが定量限界未満（0.01～0.05 mg/kg 未満）であった。中毒症状として，悪心，腹痛，嘔吐造血器系，末梢・中枢神経系，消化器系，肝臓，腎臓，循環器系への影響がある。低濃度の曝露による影響として，曝露した母親の子供に現れる認知発達及び知的行動への障害が示唆されており，発がん性も推測されている。

表5.6　鉛の食品中の基準値

食品	基準値
農産物（残留農薬基準値として設定） ・ばれいしょ，トマト，きゅうり，なつみかん，もも，いちご，ぶどう ・ほうれんそう，なつみかんの外果皮，りんご，日本なし	1.0 ppm（1.0 mg/kg） 5.0 ppm（5.0 mg/kg）
ミネラルウォーター類（殺菌・除菌無）	0.05 mg/L 以下
ミネラルウォーター類（殺菌・除菌有）	0.05 mg/L 以下
ミネラルウォーター類以外の清涼飲料水	不検出

出所）農林水産省　食品安全に関するリスクプロファイルシート（2017）

5.5.7　セレン Se

セレンは魚介類で含有量が高く，日本の成人のセレンの摂取量は平均で約100 μg/日と推定されている。耐容上限量は男性で 80～460 μg/日，女性で70～350 μg/日であることから，通常の食生活においてセレンの過剰摂取が生じる可能性は低いとされている。

セレンの慢性中毒では，毛髪と爪の脆弱化・脱落の他，胃腸障害，皮疹，呼気にんにく臭，神経系異常が現れる。セレンの急性中毒症状は，重症の胃腸障害，神経障害，呼吸不全症候群，心筋梗塞，腎不全などである。

5.5.8　クロム Cr

　クロムには0，3，6価が存在し，自然界に存在するクロムのほとんどは3価クロムである。食品に含まれるのも3価クロムであり，海藻，肉類，魚介類などに含まれる。成人のクロム摂取の耐容上限量は500 μg/日とされており，食品成分表を用いた日本人のクロム摂取量は約10 μg/日であることから，通常の食生活においてクロムの過剰摂取が生じる可能性は低いと考えられる。クロムの過剰摂取では嘔吐，腹痛，下痢などを起こすとされている。6価ク

図 5.7　妊婦への魚介類の摂食と水銀に関する注意事項（ポスター）

ロムは特に毒性が高く，皮膚炎や肺がんを起こすことが報告されている。

5.6 放射性物質

5.6.1 放射線，放射能および放射性物質

ほとんどの元素は安定な状態で原子や分子として存在しているが，わずかに存在する不安定な原子は放射線を放出して徐々に安定な原子に変わる。放射線は波長が短い電磁波及び高速で動く粒子であり，γ 線，X 線，α 線，β 線，中性子線に分けられる。また，放射線を出す物質を放射性物質，放射性物質が放射線を出す能力を放射能と呼ぶ。

放射能の強さや放射線の影響を表すには，ベクレル（Bq）やシーベルト（Sv）という単位が使われる。ベクレルは物質中の放射性物質がもつ放射能の強さを表す単位であり，1 秒間に 1 つの原子核が崩壊して放射線を放つ放射能のことを 1 ベクレルという。シーベルトは人が受けた放射線を表す単位である。

5.6.2 飲食物汚染に関係する放射性核種

半減期の長い放射性核種は長期にわたって環境を汚染するため，飲食物汚染に関係する放射性核種は半減期の長いものが多い。食品中に含まれる放射性核種で最も多いのはカリウム 40 で，物理学的半減期は 12.8 億年である。土壌に含まれる天然の放射性核種であり，野菜や肉・魚などに 100〜200 Bq/kg 程度，穀類に 30 Bq/kg 程度含まれている。核実験や原子力発電所事故等が起源である人工放射性核種のうち，セシウム 134，セシウム 137，ストロンチウム 90，プルトニウム，ルテニウム 106 は半減期が 1 年以上あることから，厚生労働省は食品規制の対象としている。農林水産省においても優先的にリスク管理を行うべき有害化学物質のリストとしてセシウム 137 を挙げている。また，物理的半減期は 8 日と短いものの，放射能が強いヨウ素 131 は甲状腺に蓄積して甲状腺がんを引き起こす確率が高いため，実験や事故の直後などは食品中の濃度を調査する対象となることが多い。

5.6.3 おもな放射能汚染事件と汚染食品

1954 年，アメリカ軍による水素爆弾の爆発実験が行われ，マーシャル諸島沖・ビキニ環礁の近くで第五福竜丸の乗組員が被曝したと同時に，マグロを中心に水産物が汚染された。「放射能マグロ」という言葉が生まれ，魚肉の買い控えが起きるなどの風評被害が発生した。

1986 年には旧ソ連のチェルノブイリ（現ウクライナ）にある原子力発電所の原子炉が爆発する事故が発生した。ヨウ素 131 による葉菜の汚染および牧草上への沈着による牛乳の汚染，セシウム 137 による牛乳，肉，芋，イチゴ，キノコ，水が長時間滞留する湖での捕食性の魚の汚染が主に起きた。日本で

は，チェルノブイリ発電所事故にかかわる輸入食品のみを対象として食品中の放射能濃度の暫定限度がセシウム134とセシウム137の合計で370（Bq/kg）に設定された。

2011年には，東日本大震災による津波で東京電力福島第一原子力発電所において電源喪失，海水による冷却機能喪失等の重大な事故が発生した。降下した放射性ヨウ素が直接付着したり（葉物野菜），付着した放射性セシウムが植物体内に移行したり（茶，果実，キノコ等），土壌から放射性セシウムが移行したりして（米），放射性物質による食品汚染が発生した。国が設定した食品中の放射性物質に関する暫定規制値（500 Bq/kg）を超えた一部の牛肉，米は出荷制限が実施された。また，生産した米（玄米）が暫定規制値を超える可能性のある地域等については作付制限，暫定規制値を超える水産物に関しては漁業の操業自粛が実施された。漁業については，2012年から2021年までの試験操業（モニタリングの結果から安全が確認された魚種を対象とした小規模な操業と販売による出荷先での評価の調査）を経て，放射性物質の検査体制が構築され，放射性物質はほぼ検出されなくなっている。しかしながら，基準値以下の農林水産物であっても放射性物質を理由とした被災県の農林水産物等を買い控える風評被害は，消費者庁の調査では減少傾向とはいえ，現在も続いている。

5.6.4　食品中の放射性物質の新基準値

2012年からは食品中の放射性物質の基準値はセシウム134とセシウム137の濃度の合計とし，一般食品で100 Bq/kg，牛乳や乳幼児食品で50 Bq/kg，ミネラルウォーターや清涼飲料水，お茶で10 Bq/kgである。これらは，食品の国際規格を策定しているコーデックス委員会が指標としている年間線量1 mSvを踏まえ決定された。対象は，福島原発事故により放出した放射性核種のうち，原子力安全・保安院（2011年の福島第一原子力発電所事故を契機に経済産業省から分離し，現在は原子力規制委員会へ原子力安全に係る規制事務を移行）がその放出量の試算値リストに掲載した核種で，半減期1年以上の放射性核種全体（セシウム134，セシウム137，ストロンチウム90，プルトニウム，ルテニウム106）とされているが，セシウム以外の核種は測定に時間がかかるため，産物・年齢区分に応じた放射性セシウムの寄与率を算出し，合計して1 mSvを超えないように放射性セシウムの基準値が設定されている。

5.6.5　放射線照射食品

発芽抑制，熟度調整，食品の殺虫・殺菌などを目的として放射線を食品に照射することを食品照射といい，照射された食品を放射線照射食品または照射食品という。放射線により生成するフリーラジカルがDNAに作用することにより，細胞死が起こることなどを利用している。照射食品の安全性は毒

性学的安全性，微生物学的安全性，栄養学的適格性の3つの観点による健全性から検討されている。現在日本で食品照射が認められているのはジャガイモである。1974年から商業照射が開始され，コバルト60から出るγ線を照射することにより発芽を防止している。世界的にはスパイス・ハーブなどの香辛料を中心に放射線照射が利用されているが，日本では輸入時の検査でジャガイモ以外に放射線照射による殺菌が認められた場合には廃棄または積み戻しとなり流通しない。

5.7　異　　物
5.7.1　食品由来の混入異物
食品衛生法では異物についての定義はないが，食品業界の異物混入事件が相次ぎ，消費者は食品の異物混入に対して敏感になっている。また，食品メーカーにとっても異物混入は，経済的損出，イメージダウンを招く可能性があることから，異物混入の防止は極めて重要である。

食品衛生検査指針では，「異物は，生産，貯蔵，流通の過程で不都合な環境や取扱い方に伴って，食品中に侵入または混入したあらゆる有形外来物をいう。但し，高倍率の顕微鏡を用いなければ，その存在が確認できない程度の微細なものは対象としない。」と定義している。異物は，「動物性異物」，「植物性異物」および「鉱物性異物」に分類される。(**表**5.7)

表5.7　主な食品中異物の分類

動物性異物	節足動物（昆虫，クモ，ダニなど）の成虫，さなぎ，幼虫，卵およびこれらの破片，これらの排泄物，虫つづり，ミミズ，哺乳動物の体毛（動物毛加工品の断片を含む），鳥類の羽毛，哺乳動物および鳥類の排泄物，寄生虫およびその卵など
植物性異物	異種植物種子（雑草の種子など），不可食性植物体およびその断片（木片，わらくず，もみがらなど），植物繊維加工品の断片（紙類を含む），ゴム片，カビなど
鉱物性異物	天然性鉱物（小石，土砂など），動物由来鉱物片（貝殻片など），鉱物性加工品（ガラス，陶磁器，セメント，金属およびその錆，プラスチック，合成ゴム，合成繊維など）の破片など

表5.7で示す異物は，基本的には人が摂取しても健康障害を引き起こすことは少ないが，まれにダニに対するアレルギーを有する人が，ダニが繁殖した小麦粉を使用して調理した食品（たこ焼き，お好み焼き）の摂取が原因となりアナフィラキシーショックを呈したことが報告されている。また，金属およびガラス片等は外傷の原因となりうる可能性がある。

5.7.2　検査方法
食品衛生検査指針では，「異物の試験法は公定法として定められた方法がない。また，食品に混入する可能性ある異物の種類は無限にあり，そのすべてに適用可能な試験法もない。」と記載されている。一般的に分析機としては，顕微鏡，紫外線照射機，蛍光X線分析機，赤外分光光度計，ガスクロマトグラフ，高速液体クロマトグラフ等が必要となる（**図**5.8～10）。

図5.8　実体顕微鏡（左）および
偏光顕微鏡（右）

図5.9　蛍光 X 線分析機

図5.10　赤外分光光度計

【参考文献】

伊藤武・古賀信幸・金井美惠子編著：新訂　食品衛生学（第2版）（Nブックス），建帛社（2020）

甲斐達男・小林秀光編：食品衛生学（エキスパート　管理栄養士養成シリーズ）（第4版），化学同人（2020）

厚生労働省監修：食品衛生検査指針・理化学編，日本衛生協会（2005）

小塚諭編：イラスト　食品の安全性　第4版，東京教学社（2022）

後藤政幸・熊田薫・熊谷優子編著：食品衛生学（栄養管理と生命科学シリーズ），理工図書（2021）

田﨑達明編：食品衛生学（栄養科学イラストレイテッド），羊土社（2017）

津田謹輔・伏木亨・本田佳子監修，岸本満編：食べ物と健康Ⅲ　食品衛生学　食品の安全と衛生管理（Visual 栄養学テキスト），中山書店（2018）

那須正夫，和田啓爾編：食品衛生学　「食の安全」の科学　改訂第2版，南江堂（2011）

山田克哉：放射性物質の正体，PHP 研究所（2015）

Kentaro Takahashi, Masami Taniguchi, Yuma Fukutomi, Kiyoshi Sekiya, Kentaro Watai, Chihiro Mitsui, Hidenori Tanimoto, Chiyako Oshikata, Takahiro Tsuburai, Naomi Tsurikisawa, Kenji Minoguchi, Hiroshi Nakajima, Kazuo Akiyama, "Oral Mite Anaphylaxis Caused by Mite-Contaminated Okonomiyaki/Pancake-Mix in Japan: 8 Case Reports and a Review of 28 Reported Cases." *Allergology International*, 63(1), 51-56（2014）

【参考資料】

厚生労働省：食品中に残留する PCB の規制について
https://www.mhlw.go.jp/web/t_doc?dataId=00ta5726&dataType=1&pageNo=1（2023.1.28）

内閣官房：原子力利用の安全に係る行政組織の充実・強化について（最終取りまとめ）
https://www.cas.go.jp/genpatsujiko/jujitsu_3/jujitsu_3-1.pdf（2023.1.30）

（国立研究開発法人）日本原子力研究開発機構原子力百科事典　原子力安全・保安院
https://atomica.jaea.go.jp/dic/detail/dic_detail_2490.html（2023.1.30）

日本農薬工業会
https://www.jcpa.or.jp/qa/a4_01.html（2023.1.28）

日本農薬工業会：農薬に関する法律，指導要綱，社会的役割などについて
https://www.jcpa.or.jp/qa/a6_22.html（2023.7.22）

農林水産省：食品安全に関するリスクプロファイルシート（2015，2017，2018）
https://www.maff.go.jp/j/syouan/seisaku/risk_analysis/priority/attach/pdf/hazard_chem-51.pdf（2023.1.28）

問1 カビ毒に関する記述である。正しいのはどれか。1つ選べ。

(第30回管理栄養士国家試験)

(1) アフラトキシン B_1 は,胃腸炎を引き起こす。

(2) ニバレノールは,肝障害を引き起こす。

(3) ゼアラレノンは,アンドロゲン様作用をもつ。

(4) パツリンは,リンゴジュースに規格基準が設定されている。

(5) フモニシンは,米で見出される。

解答 (4)

p. 75「5.1.1 アフラトキシン」,p. 76「5.1.2 赤カビ毒」,p. 77「5.1.4 パツリン」を参考

問2 残留農薬等のポジティブリスト制度に関する記述である。正しいのはどれか。1つ選べ。

(第27回管理栄養士国家試験)

(1) 残留農薬基準値は,農薬の種類にかかわらず同じである。

(2) 残留農薬基準値は,農薬の1日摂取許容量と同じである。

(3) 特定農薬は,ポジティブリスト制度の対象である。

(4) 動物用医薬品は,ポジティブリスト制度の対象である。

(5) 残留基準値の定めのない農薬は,ポジティブリスト制度の対象外である。

解答 (4)

p. 78「5.2 農薬」を参考

問3 放射性物質に関する記述である。誤っているのはどれか。1つ選べ。

(第26回管理栄養士国家試験)

(1) ストロンチウム90は,放射性物質である。

(2) 放射性物質の中には,1年以上の物理的半減期を持つものがある。

(3) ヨウ素131は,生体中で甲状腺機能障害の原因となる。

(4) セシウム137は,ばれいしょの発芽防止のために用いられる。

(5) わが国では,輸入食品にセシウム134と137の合計値による規制値が設定されている。

解答 (4)

p. 88「5.6 放射性物質」を参考

6 食品添加物

6.1 食品添加物とは

食品添加物は**食品衛生法**第4条において「食品の製造の過程において又は食品の加工若しくは保存の目的で，食品に添加，混和，浸潤その他の方法によって使用する物をいう。」と定められている。使用できる食品添加物は，人工物・天然物にかかわらず原則的に厚生労働大臣が指定したものに限られている。食品添加物の安全性の評価は内閣府に設置されている**食品安全委員会**によって行われており，人の健康を損なうおそれのない場合に限り，成分規格や使用基準を定めたうえではじめて食品添加物としての使用が認められる。現在，さまざまな食品添加物が用途に応じて利用されており，食品の多様性，簡便性，経済性の向上等に役立てられている。

6.1.1 食品添加物の使用目的

食品添加物は食品に対して有用な効果を期待して使用されるものである。食品添加物の使用目的は大きく以下の4つに区分される。

① 製造や加工に必要なもの

② 保存性の向上により食中毒を予防するもの

③ 嗜好性および品質を向上させるもの

④ 栄養成分を補充・強化するもの

なお，それぞれの使用目的に当てはまる代表的な食品添加物の種類を**表6.1**に示す。

6.1.2 食品添加物の法規制

わが国において，食品添加物は食品衛生法によって定義されている。この法律の規定に従って「食品衛生法施行規則」「食品衛生法施行令」「食品・添加物等の規格基準」等の食品添加物にかかわるさまざまな法令が定められて

表 6.1　食品添加物の使用目的

使用目的	食品添加物の種類
製造や加工に必要なもの	増粘安定剤，乳化剤，凝固剤，かんすい　など
保存性の向上により食中毒を予防するもの	保存料，酸化防止剤，防カビ剤（防ばい剤），殺菌剤　など
嗜好性および品質を向上させるもの	甘味料，調味料，酸味料，着色料，発色剤，漂白剤，香料　など
栄養成分を補充・強化するもの	栄養強化剤（ビタミン，ミネラル，アミノ酸類）

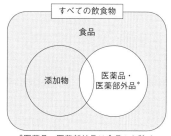

*医薬品・医薬部外品は食品から除く

図 6.1　飲食物の区分

いる。なお，食品衛生に関わる添加物は食品添加物に限られることから，法律では単に添加物と表記されている。また，食品衛生法において食品とはすべての飲食物をさすが，「医薬品，医療機器等の品質，有効性及び安全性の確保等に関する法律」（旧薬事法）に規定されている医薬品，医薬部外品および再生医療等製品は食品に含まれない（**図 6.1**）。

　わが国の食品添加物は食品衛生法第12条に定められているとおり，厚生労働大臣が人の健康を損なうおそれがないと認めた物質に限り使用することができる。このように，原則使用禁止であるが，指定されたものに限り使用を認めるような規制方式を**ポジティブリスト方式**（**ポジティブリスト制**）という。

　諸外国においても，食品添加物はその国独自の法令によって規制されており，食文化や食料事情に合わせて許可される食品添加物の種類や添加量が各国で異なっている。近年，食品流通のグローバル化が進むにつれ食品添加物の使用基準について国際的な整合性が求められるようになっており，**コーデックス委員会**（**CAC**）*によって食品添加物の国際的な規格基準等について検討が行われている。

*コーデックス委員会　消費者の健康の保護，食品の公正な貿易の確保等を目的として，1963年にFAO及びWHOにより設置された国際的な政府間機関。わが国は1966年より加盟している（p. 9「1.7.3 コーデックス委員会」を参照）。

6.2　食品添加物の分類

　平成7（1995）年の食品衛生法改正から，わが国で使用が認められている食品添加物は① **指定添加物**，② **既存添加物**，③ **天然香料**，④ **一般飲食物添加物**の4つに分類されている。指定添加物は厚生労働大臣が安全性と有効性を認めて指定した食品添加物であり，化学的に合成された合成添加物の他，天然物も含まれる。既存添加物，天然香料，一般飲食物添加物についてはすべて天然物である（**図 6.2**）。原則として，食品衛生法第12条に基づいて指定を受けた指定添加物のみが使用を認められており，既存添加物，天然香料，一般飲食物添加物については長年の使用実績や食経験から例外的に添加物とし

図 6.2　食品添加物の分類

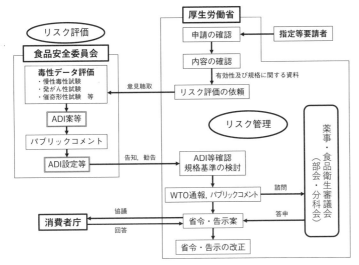

出所）厚生労働省：よくある質問（事業者向け）

図6.3　食品添加物の指定等に関する手続き

ての使用が認められている[*]。

6.2.1　指定添加物

指定添加物は，食品衛生法第12条に基づき人の健康を損なうおそれのない場合として厚生労働大臣が薬事・食品衛生審議会の意見を聴いて定めた食品添加物である。前述した通り，指定添加物には合成添加物と天然物の両方が含まれている。指定添加物は「食品衛生法施行規則別表第1」に収載されており，474品目が収載されている。

わが国では，新規添加物として指定を要請された場合，**図6.3**のように手続きが行われる。企業等の指定等要請者は新規添加物の指定を提出する際にその物質の有効性，安全性等に関する資料をそろえて厚生労働大臣宛てに提出する必要がある。また，食品添加物の指定又は規格基準の改正には，内閣府に設置されている食品安全委員会の安全性の評価（食品健康影響評価）と厚生労働省の審議（規格基準案の検討等）等が必要となる。

6.2.2　既存添加物

既存添加物は，わが国において長年の使用実績があるものとして例外的に指定を受けることなく使用・販売等が認められた天然添加物である。既存添加物については厚生労働省告示の「既存添加物名簿」にそれらの品目名が収載されている。既存添加物は新たな品目を追加することは認められておらず，既存添加物名簿に収載されていない新規の天然物（天然香料，一般飲食物添加物を除く）を添加物として使用を求めるには指定制度に基づき国に申請する必要がある。つまり，今後天然添加物として厚生労働大臣に認められたものについてはすべて指定添加物に分類される。また，既存添加物は使用実態や

＊天然添加物　既存添加物，天然香料，一般飲食物添加物のことを指す。

95

安全性について順次確認が進められており，流通実態のなくなったものや，人の健康を損なう恐れがあるものについては適宜削除されている。既存添加物名簿作成当初（1996 年）は 489 品目が収載されていたものが 2022 年現在は 357 品目となっている。

6.2.3 　天然香料

動植物から得られる天然物で，食品の着香の目的で使用されるものである。基本的に使用量がわずかであることや，長年の食経験において健康被害がないことから使用が認められている。天然香料の原料となる基原物質とその別名は「天然香料基原物質リスト」にまとめられており，果実や花等の植物の他，食肉類，魚介類等 600 を超える品目が例示されている。なお，天然香料を表示する場合は，基原物質名または別名に「香料」の文字を追加する必要がある。

6.2.4 　一般飲食物添加物

一般的に飲食に供されているもので添加物として使用するものである。

通常は食品として扱われるものであっても，他の食品を製造する際に添加物と同様の目的で加える場合は食品添加物として扱われる。例えば，オレンジ果汁やブルーベリー果汁を着色の目的で食品に加える場合（着色料）等がこれにあたる。

一方，風味や味付けを目的として他の食品に加える場合は食品として扱う。例えば，ウコンをカレーの風味付けのためにスパイスとして加えると結果的にカレーは黄色に着色されるが，この場合のウコンは着色の目的では使用していないため「食品」として扱われる。もちろん，ウコンを着色の目的で使用する場合は食品添加物（一般飲食物添加物）の扱いとなる。

一般飲食物添加物は，「一般に食品として飲食に供されるものであって添加物として使用される品目リスト」に品名，簡略名，用途等がまとめられており，約 100 品目が例示されている。

6.3 　食品添加物の成分規格および基準

6.3.1 　規格・基準・食品添加物公定書

食品添加物を使用する場合は，その有効性と安全性が確保されていなければならない。そのため，食品添加物の品質の保持と適切な使用が重要となる。そこで，食品衛生法に基づいて食品添加物の規格基準が定められている。食品添加物の規格基準は厚生省告示第 370 号「食品，添加物等の規格基準」に収載されており，その規格基準に適合しない食品添加物は販売や輸入等が禁止される。

食品添加物においては，安全性の確保と製品の品質の保持のために最低限

表6.2　食品添加物の規格基準一覧

規格基準	概　要
成分規格	添加物の定義や有効成分の含量など，品質を確保するために遵守すべき事項が規定されている。
使用基準	添加物を安全に使用するために，添加物の品目ごとあるいは対象となる食品ごとに使用量や使用方法，残存量などが規定されている。
製造基準	添加物を製造，加工する際に使用できる物質や原料が規定されている。また，微生物を利用して製造する際の対応などについても規定されている。
保存基準	光分解される添加物は遮光する，酸化されやすい添加物は容器を不活性ガスで満たすなど，品質保持のための保存方法が規定されている。
表示基準	名称，添加物である旨，保存の方法など，添加物を販売する際に容器包装に表示すべき項目が規定されている。

出所）厚生労働省：第9版食品添加物公定書

遵守すべき事項として「成分規格」が品目ごとに定められている。さらに，添加物を安全に使用するための「使用基準」，安全性と品質の高い添加物を製造するための「製造基準」，添加物の品質を保持するための「保存基準」，食品添加物製品の容器包装への「表示基準」が定められている（**表6.2**）。なお，これらの規格基準は「食品添加物公定書」に収載されている。

6.4　食品添加物の安全性

食品添加物は一般的な食品に使用されており，生涯にわたり摂取するものであるため，その安全性を確保することが重要である。そのため，年齢，性別，食習慣等にかかわらず不特定多数の人が一生涯を通じて摂取しても有害性が認められないことを科学的に証明されたもののみが添加物に指定されている。一方で，既存添加物については経過措置として例外的に指定を受けることなく使用・販売等が認められた添加物であり，使用実態や安全性について順次確認が進められている。

6.4.1　食品添加物の安全評価手順

食品添加物の安全性の評価は，リスク評価機関である食品安全委員会が行う（食品健康影響評価）。食品添加物の新規指定の要請があった場合，厚生労働大臣は食品安全委員会に対してリスク評価を依頼する。食品安全委員会は含有成分の分析結果，動物を用いた毒性試験結果等の科学的なデータに基づいて，食品添加物として使用された際に健康への悪影響がないとされる「**1日摂取許容量**」（ADI）を設定する。厚生労働省はこの結果を受けて，薬事・食品衛生審議会において審議，評価を行い，ADIを十分に下回るように食品への使用基準等を設定する。一般的な安全性評価の手順を**図6.4**に示す。

6.4.2　毒性試験

食品添加物の安全性を評価するために必要な毒性試験については「食品添加物の指定及び使用基準改正に関する指針」に示されている。なお，食品添

化学物質の同定

↓ 規格の設定：純度・性状・不純物等による物質の同定

実験動物を用いた毒性試験結果

無毒性量（NOAEL；No Observed Adverse Effect Level）；
何段階かの異なる投与量を用いて毒性実験を行った
とき，有害な影響が観察されなかった最大の投与量
（mg／kg 体重／日）

毒性試験：亜急性毒性試験及び慢性毒性試験，1 年間
反復投与毒性／発がん性併合試験，生殖毒
性試験，遺伝毒性試験等

↓

ADI（一日摂取許容量）の設定

一日摂取許容量（ADI；Acceptable Daily Intake）；
人が生涯その物質を毎日摂取し続けたとしても，
健康への悪影響がないとされる一日あたりの摂取量
（mg／kg 体重／日）。下記の式で求められる

ADI ＝ NOAEL ／ 安全係数（※）

（※）安全係数；
ある物質について，人への一日摂取許容量を設定する際に，
通例，動物における無毒性量に対して更に安全性を考慮する
ために用いる係数。動物と人との種の差として10倍，さらに
人の個体差（年齢，性別等）として10倍の安全率を見込み，
それらをかけ合わせた「100倍」を安全係数として用いる

↓

ADIを超えないように使用基準を設定

↓

安全性の確保

出所）厚生労働省：よくある質問（消費者向け）

図 6.4　食品添加物の安全性評価の手順

表 6.3　食品添加物の毒性試験

試験の種類	概　　要
28 日反復投与毒性試験	実験動物に 28 日間繰り返し飲食させた時に生じる毒性を調べる
90 日反復投与毒性試験	実験動物に 90 日間繰り返し飲食させた時に生じる毒性を調べる
1 年間反復投与毒性試験	実験動物に長期間繰り返し飲食させた時に明らかな毒性変化を惹起する量とその内容，および毒性の認められない量を調べる
繁殖試験	実験動物に二世代にわたって飲食させ，生殖機能や新生児の生育に及ぼす影響を調べる
催奇形性試験	実験動物の妊娠中の母体に強制投与し，胎児の発生や発育に及ぼす影響を調べる。
発がん性試験	実験動物に約 2 年間繰り返し飲食させた時の発がん性について調べる
1 年間反復投与毒性／発がん性併合試験	一年間反復投与毒性と同時に発がん性の有無について調べる
抗原性試験	実験動物に飲食させた時のアレルギー反応の有無について調べる
変異原性試験	動物細胞や微生物などを用いて，遺伝子や染色体に及ぼす影響を調べる
一般薬理試験	生体の機能に及ぼす影響を，主に薬理学的手法を用いて調べる

出所）厚生労働省：食品添加物の指定及び使用基準改正に関する指針

加物では実験動物，微生物，培養細胞を用いた毒性実験の結果に基づいて安全性の評価を行っており，ヒトの臨床試験結果は要求されない。食品添加物の安全評価のために行われる毒性試験の一覧を**表 6.3** に示す。毒性実験の方法は大きく分けて一般毒性試験と特殊毒性試験に分けられる。

(1)　一般毒性試験

一般毒性とは，体重，血液検査，尿検査，病理組織学的検査等で観察できる毒性のことである。一般毒性試験では，実験動物に試験物質を大量に経口摂取させることで，生体への毒性の有無や強さを調べる。この試験結果を基に，ヒトに対する毒性について予測を行う。28 日間，90 日間，1 年間の反復経口投与毒性試験が一般毒性試験に分類される。

反復投与毒性実験

げっ歯類（通常はラットが用いられる）および非げっ歯類（通常はイヌが用いられる）に被験物質を短期間（28 日間，90 日間）または長期期間（1 年間）繰り返し投与して毒性を観察する。投与は毎日（週 7 日）行われ，通常は餌または水に混合して経口投与とする。この検査では，一般状態，体重，血液検査，尿検査，眼科的検査や病理組織学的検査等が行われる。

(2)　特殊毒性試験

特殊毒性とは，特定の毒性あるいは生体の特定部に対する毒性を評価するため，特別な手法を用いて観察する毒性のことである。繁殖試験，催奇形性試験，発がん性試験，抗原性試験，変異原性試験，一般薬理試験が特殊毒性試験に分類される。実験動物の他，微生物や哺乳動物の培養細胞が試験に用いられている。

繁殖試験

げっ歯類（通常はラットが用いられる）に被験物質を二世代にわたって投与し，生殖機能や新

生児の生育に及ぼす影響を調べる。投与方法は通常餌または水に混合して経口投与とする。一般状態，体重，妊娠動物数，離乳児数等を検査する。

催奇形性試験

　妊娠中のげっ歯類（通常はラットが用いられる）および非げっ歯類（通常はウサギが用いられる）に被験物質を投与し，胎児の発生や発育に対する影響，特に催奇形性について調べる。母動物の器官・組織の観察や病理学的検査を行うとともに，胎児の死亡数，生存数や骨格および内臓の異常について検査する。

発がん性試験

　げっ歯類2種以上（通常はラット，マウスまたはハムスターが用いられる）に被験物質を投与して発がん性を調べる。投与期間はラットでは24か月～30か月，マウスおよびハムスターでは18か月～24か月とする。これらの投与期間は，それぞれの実験動物の寿命に相当する。投与は毎日（週7日）行われ，通常は餌または水に混合して経口投与とする。皮膚や消化管，肝臓などの他，肉眼的に変化がみられる器官・臓器の腫瘍の発生とその変化について病理組織学的検査を行う。

抗原性検査

　モルモット，ウサギ，マウスを用いて即時型アレルギー試験および遅延型アレルギー試験を行う。化学物質を経口的に摂取した際のアレルギー誘発能を予測する方法は十分に確立されていないため，被験物質の性質等を考慮して実験者が適切と判断した試験方法で検査を行う。

変異原性試験

　被験物質がDNAに影響を及ぼし，突然変異あるいは染色体の構造異常を起こす性質があるかを調べる。検査として「微生物を用いる復帰変異試験」「哺乳類培養細胞を用いる染色体異常試験」「げっ歯類を用いる小核試験」を実施する。また，必要に応じてこれらの試験結果を補足するための変異原性試験を追加で実施し，変異原性について総合的に判断する。

一般薬理試験

　被験物質の生体の機能に及ぼす影響について，主に薬理学的手法を用いて調べる。ヒトに対する予測性や被験物質の特性を考慮して適切な実験動物および試験系を用いる。

6.4.3　無毒性量（NOAEL）と1日摂取許容量（ADI）

　試験物質について何段階かの異なる投与量で毒性試験を行った際に，実験動物に対して有害な影響が観察されなかった最大投与量を**無毒性量**（NOAEL）という。1日当たり体重1kg当たりの物質量（mg/kg体重/日）で表される。異なる複数の動物種で試験が行われている場合は，原則として個々の動物の

無毒性量の中で最も小さい値をその物質の無毒性量とする。毒性試験によって求められた無毒性量を基に，人が一生涯毎日その物質を摂取しても影響を受けない量（**1日摂取許容量：ADI**）を算出する。

　1日摂取許容量の最大値は無毒性量に安全係数（100）を除して算出される。安全係数とは，実験動物と人との動物種の差と人同士の個人差を考慮するために用いる係数である。動物実験のデータを用いてヒトへの毒性を推定する場合，動物と人との種の差として「10倍」の安全率を見込み，人の年齢や性別などの個人差としてさらに「10倍」の安全率を見込む。そのため，このふたつをかけ合わせた「100倍」が安全係数として用いられている。なお，通常は安全係数として100を用いるが，毒性試験結果や物質によっては別の値を採用する場合もある。

6.4.4　使用基準と食品添加物の摂取量

　毎日摂取する食品や量は人それぞれであり，摂取する食品添加物の種類や量についても当然，人によって異なってくる。そのため，個々の食品に含まれる食品添加物の量が微量であっても，食習慣によっては食品添加物の摂取量がADIを超える可能性がある。

　そこで，わが国では国民健康・栄養調査などから各食品の摂取量を調べることで食品添加物の摂取量を推定し，日本人一人が1日当たり摂取すると推定される量がADIを大幅に下回るように考慮して食品添加物ごとに使用基準が設定される（**図6.5**）。また，食品添加物を実際にどの程度摂取しているかを把握するために**マーケットバスケット方式***による食品添加物の1日摂取量の調査が行われている。

*マーケットバスケット方式
スーパーなどの小売店から食品を購入し，その中に含まれる食品添加物量を分析し，分析結果に平均的な1日当たりの食品の喫食量を乗じることで摂取量を求める。

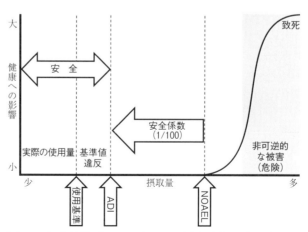

図6.5　無毒性量（NOAEL），一日摂取許容量（ADI），使用基準の関係

6.5　主な食品添加物の種類と用途

前述の通り，食品添加物は食品に対して有用な効果を期待して使用され，大きく4つの使用目的に分類される（6.1.1 食品添加物の使用目的を参照）。なお，食品添加物は使用基準によってその用途が制限されているものを除けば，どのような用途で使用しても構わない。そのため，同じ**食品添加物**であっても，加工品の種類によって異なる用途で使用されることがある[*1]。

6.5.1　甘味料

食品に甘味をつける目的で使用される。ショ糖（砂糖），水あめ，エリスリトール，マルチトールなど食品に区別されるものと，トレハロース，キシリトール，スクラロースなどの食品添加物に区別されるものがある。アスパルテームやアセスルファムカリウムのようなショ糖の数百倍の甘味度をもつ食品添加物はごく少量で甘味をつけることができるため，所謂低カロリー甘味料として利用されている。なお，アスパルテームはL-フェニルアラニン化合物であり体内で代謝されるとフェニルアラニンが生じることから，フェニルケトン尿症者には注意が必要である。

6.5.2　着色料

食品の色調を改善する目的で使用される。色素成分は不安定なものが多く，保管，加工，調理など，さまざまな工程で変色や退色が起こる。食品の色調は消費者の嗜好に応える重要な要素であり，製造工程で劣化した色調の補完や，食品の彩りを表現したりするために多種多様な食品添加物がその用途に合わせて使用されている。

着色料は合成着色料と天然着色料に大別される。合成着色料の大部分はタール系色素である。タール系色素は水溶性酸性色素であるが，塩基性アルミニウムを加えて製造すると水に不溶のアルミニウムレーキとなる。**タール系色素**は純度が高く微量の使用で着色できることからさまざまな食品に利用されているが，一部の食品には使用を禁止されている[*2]。天然着色料は，天然原料（植物，動物，微生物など）から抽出等で得られる着色料である。なお，$β$-カロテンなど天然に存在する色素であっても，化学的な手法で製造した場合は合成着色料となる。

6.5.3　保存料

食品の腐敗，変敗の原因となる微生物の発育を抑制（静菌作用）し，食中毒を予防することを目的に使用される。

化学的に合成された保存料は主に酸型保存料とエステル型保存料に分けられる。酸型保存料は食品のpHによって静菌効果が左右され，食品が酸性であれば強い静菌作用を示すが中性に近づくにつれその効果は弱まる。エステル型保存料はpHの影響を受けないが，液体に溶けている分子が効果を示す

*1 **食品添加物**　塩化カルシウムは豆腐の凝固剤として用いられる他，カルシウムを強化する目的で食品に添加される場合もある。

*2 **タール系色素**　カステラ，きなこ，魚肉漬物，鯨肉漬物，こんぶ類，しょう油，食肉，食肉漬物，スポンジケーキ，鮮魚介類（鯨肉を含む），茶，のり類，マーマレード，豆類，みそ，めん類（ワンタンを含む），野菜およびわかめ類に使用してはならない。

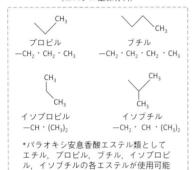

ソルビン酸
(酸型保存料)

安息香酸
(酸型保存料)

パラオキシ安息香酸エチル*
(エステル型保存料)

プロピル
−CH₂・CH₂・CH₃

ブチル
−CH₂・CH₂・CH₂・CH₃

イソプロピル
−CH・(CH₃)₂

イソブチル
−CH₂・CH・(CH₃)₂

*パラオキシ安息香酸エステル類として
エチル,プロピル,ブチル,イソプロピ
ル,イソブチルの各エステルが使用可能

出所）厚生労働省：第9版食品添加物公定書

図 6.6 代表的な保存料

*1 **増粘安定剤** ペクチン（果実由来），キサンタンガム（微生物由来），グァーガム（植物種子），アラビアガム（樹液由来），カラギーナン（海藻由来）などがある。

*2 **亜硝酸ナトリウム** 亜硝酸根として，食肉製品及び鯨肉ベーコンは 0.070 g/kg 以下，魚肉ソーセージ，魚肉ハム，いくら，すじこ及びたらこは 0.0050 g/kg 以下になるように使用しなければならない。

（参考：第9版食品添加物公定書使用基準）

ため，しょうゆや酢，飲料などの液状食品に使用される。なお，化学的に合成された保存料は食品衛生法に基づき使用基準が定められている。代表的な保存料の種類と構造を図 6.6 に示す。

6.5.4　増粘安定剤（増粘剤，安定剤，ゲル化剤または糊料）*1

食品の粘度調整による食感の向上や乳化分散の安定化などを目的に使用される。増粘安定剤はその使用目的によって増粘剤，安定剤，ゲル化剤（糊料）と表示される（**表 6.4**）。増粘剤は種類によって物性が異なるため，製造する食品に合わせてさまざまな種類が使用される。

表 6.4　増粘安定剤の用途名と機能

用途名	機能	例
増粘剤	食品の粘度を高める	ソース，たれのとろみ付け
安定剤	成分の分離，沈殿を防ぐ	乳化の安定化（ドレッシングなど）
ゲル化剤（糊料）	食品をゲル化させる	ゼリーやジャムなどの製造

6.5.5　発色剤

食品中の色素の安定化や色調を鮮やかにする目的で使用される。着色料とは違い発色剤そのものには色はないが，食品成分と反応することで色調が安定化される。指定添加物の内，亜硝酸ナトリウム，硝酸カリウム，硝酸ナトリウムの3品目が発色剤として利用されている。

亜硝酸ナトリウムが食肉中のミオグロビンやヘモグロビンと反応することでそれぞれニトロソミオグロビン，ニトロソヘモグロビンに変化し，安定した鮮やかな赤色を呈するようになる。硝酸カリウム，硝酸ナトリウムは食肉中の硝酸還元酵素によって亜硝酸になり発色効果を発揮する。また，亜硝酸ナトリウムはボツリヌス菌の発育を抑制する作用があるため，ソーセージのような腸詰めの食品においては食中毒を防止する効果も期待できる。

なお，**亜硝酸ナトリウム**は魚肉や魚卵に多く含まれる二級アミンと反応して発がん性物質である N-ニトロソアミンを生成することから，魚肉，魚卵製品への使用基準は食肉製品と比べて低く設定されている*2。

6.5.6　漂白剤

食品を加工するうえで好ましくない色素成分を脱色し，食品の嗜好性を向上させることを目的に使用される。食品の色調を白くするために使用される（白あんなど）他，より鮮やかに着色するために着色料を使用する前処理として漂白剤を用いる場合もある（キャンデッドチェリーなど）。

漂白剤は酸化漂白剤と還元漂白剤に分類される。酸化漂白剤（亜塩素酸ナトリウム，過酸化水素，高度サラシ粉，次亜塩素酸ナトリウムなど）は酸化作用によって食品中の色素を分解することで漂白する。強い酸化作用を持つ化合

物は殺菌効果が期待できるため，殺菌剤としても使用される。還元漂白剤（亜硫酸ナトリウム，次亜硫酸ナトリウム，ピロ硫酸ナトリウム，二酸化硫黄など）は色素を還元することで漂白する。また，還元作用による酸化防止効果，変色防止効果なども期待できる。

6.5.7　酸化防止剤

油脂成分の酸化防止，野菜・果実加工品の褐変や変色の防止など，食品の変質を防止する目的で使用される。特に油脂成分が酸化すると食品の風味を損なうだけではなく有害な過酸化物が生成されるため，いかにして酸化を防ぐかが重要となる。

酸化防止剤は脂溶性と水溶性の2つに大別することができる。トコフェロール類，ジブチルヒドロキシトルエン（BHT），ブチルヒドロキシアニソール（BHA），アスコルビン酸パルミチン酸エステル（別名：ビタミンCパルミテート）などは主に食用油や油脂の多い食品に使用される脂溶性酸化防止剤である。*L*-アスコルビン酸，エリソルビン酸（アスコルビン酸の立体異性体）などは主に野菜・果実加工品など油脂の少ない食品に使用される水溶性酸化防止剤である（**図6.7**）。

また，酸化防止剤はその作用原理によっても2つに大別することができる。ひとつは酸化防止剤そのものが食品の代わりに酸化されることで酸化を防ぐもの，もう一方は酸化を促進する金属イオンと結合することで酸化反応を防止するものである（いわゆる金属キレート剤）。

食品の酸化には酸素のほか，熱，酵素，金属などが関係する。そのため，酸化しやすい食品には酸化防止剤を添加するだけでなく，脱酸素剤の使用や窒素ガスの充てんにより酸素との接触を防ぐ，ラミネート加工された袋や褐色瓶などを用いて遮光する，低温で保存するなどの方法がとられている。

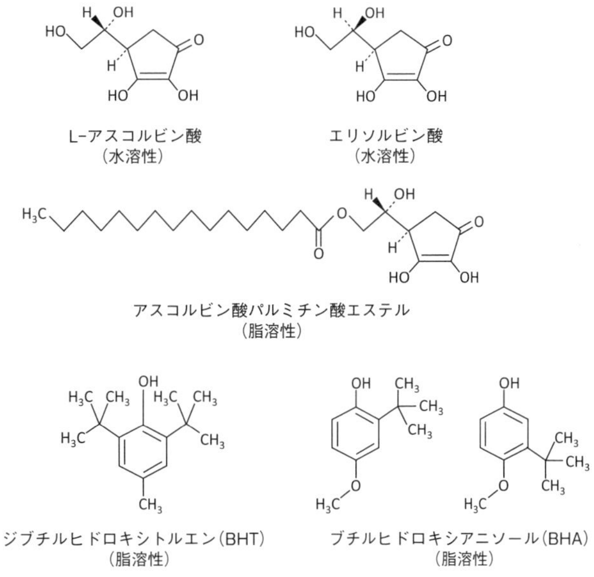

6.5.8　防カビ剤（防ばい剤）

輸入果実などにおいて輸送，貯蔵する過程でカビの発生を防ぐことを目的に使用されている。カビの種類によっては毒性の強いカビ毒を産生するため，カビの発生を防ぐことで輸出品の安全性を高める効果が期待できる。また，カビによる廃棄が減ることで輸出品の供給の安定化につながる。防カビ剤は，輸出国で収穫後（ポストハーベ

L-アスコルビン酸
（水溶性）

エリソルビン酸
（水溶性）

アスコルビン酸パルミチン酸エステル
（脂溶性）

ジブチルヒドロキシトルエン（BHT）
（脂溶性）

ブチルヒドロキシアニソール（BHA）
（脂溶性）

出所）厚生労働省：第9版食品添加物公定書

図6.7　代表的な酸化防止剤

スト）に果実の表面に噴霧，浸漬する，紙片に染み込ませて輸出品と共に貯蔵運搬用容器の中に入れるなどのように使用されている。防カビ剤は，食品衛生法における食品添加物の定義の内の「食品の保存の目的で使用される物」に該当するため，日本では食品添加物として規制されている。すべての防カビ剤で使用基準が定められており，イマザリル，オルトフェニルフェノール，オルトフェニルフェノールナトリウム，ジフェニル，チアベンダゾール（TBZ）などが日本で許可されている。

6.5.9　栄養強化剤

食品の栄養価の向上，栄養素のバランスの改善，加工の過程で失われた栄養素の補充を目的に使用される。ビタミン類，ミネラル類，アミノ酸類に分類できる。

ビタミン類は水溶性ビタミン，脂溶性ビタミンのいずれも栄養強化剤として使用されている。ビオチン，ニコチン酸およびニコチン酸アミド（ナイアシン強化剤），トコフェロール酢酸エステル（ビタミンE強化剤）など，一部のビタミン類は使用基準が定められている。ミネラル類は，多量ミネラルではカルシウム，マグネシウム，微量ミネラルでは亜鉛，鉄，銅などを含む添加物が栄養強化剤として使用されている。比較的多くのミネラル類で使用基準が定められている。アミノ酸類は主に必須アミノ酸が栄養強化剤として使用されることが多い。これらの栄養強化剤は，米，パン，麺類，菓子，清涼飲料水，調製粉乳など幅広い飲食物に使用されている。

6.5.10　乳化剤

食品に乳化，分散，浸透，洗浄，気泡（泡立て），消泡，離型（型などの器具への付着防止）などの目的で使用される。乳化剤はひとつの分子構造の中に親水性部分と疎水性部分が存在する，いわゆる界面活性剤の働きをもつ物質である。グリセリン脂肪酸エステル，ショ糖脂肪酸エステル，ソルビタン脂肪酸エステル，レシチン，サポニンなどが乳化剤として使用されている。また，機能を高めるために，複数の乳化剤を組み合わせて使用する場合もある。

6.5.11　殺菌剤（殺菌料）

原材料および食品そのものを殺菌し，微生物による食中毒や食品の腐敗を防止する目的で使用される。また，多くの殺菌剤は漂白効果があるため，漂白剤としても使用されている。殺菌剤には塩素系（次亜塩素酸ナトリウム，次亜塩素酸水，高度サラシ粉など）と酸素系（過酸化水素）がある。高度サラシ粉以外の殺菌剤には使用基準が定められている。

6.5.12　調味料

味の向上・改善を目的に使用される。なお，甘味料，酸味料，苦味料については別途分類分けされているため調味料からは除かれる。また，食塩，ソ

ース，ビーフやチキンなどのエキス，出汁などの一般的に調味料と呼ばれているものは「一般に食品として飲食に供されている物」であるため，食品添加物の調味料には含まれない。

食品添加物における調味料は，L-グルタミン酸ナトリウム（昆布のうま味成分）などのアミノ酸系，5'-イノシン酸ナトリウム（かつお節のうま味）などの核酸系，コハク酸（ホタテのうま味）などの有機酸系，塩化カリウムなどの無機塩系に大別できる。

6.5.13　酸味料

食品に酸味をつける目的で利用される。酸味料として用いられる食品添加物の中には食品の保存性を高めるものもある。有機酸であるクエン酸，乳酸，リンゴ酸や，無機酸であるリン酸，二酸化炭素などが酸味料として用いられている。

6.5.14　香　料

食品に香気をつける，または増強する目的で利用される。もともと香気のない加工品（キャンディー，チューインガムなど）に香気をつけたり，好ましくない風味に対するマスキングとして利用されたり，製造工程で失われた香気を補うために利用されることが多い。

香料は基本的に複数の香料を混合して使用することから，添加物表示では一括名での**表示***が許可されており，単に「香料」とだけ表示されるのが一般的である。

6.5.15　その他の食品添加物

前述した用途以外にも，光沢剤，消泡剤，膨張剤，イーストフード，ガムベースなどさまざまな用途で食品添加物が利用されている。

***食品表示**　食品添加物は原則として使用した全ての食品添加物を物質名で表示しなければならない。例外として，複数の組み合わせで効果を発揮することが多く，個々の成分まですべて表示する必要性が低い添加物（香料等），食品中にも常在成分として存在する添加物（アミノ酸等）については，定められた添加物を定義にかなう用途で用いた場合に限り一括名での表示が許可されている。

【参考資料】
厚生労働省：食品関係用語集
　　https://www.mhlw.go.jp/topics/bukyoku/iyaku/syoku-anzen/glossary.html
　　（2022.10.14）
厚生労働省：食品添加物
　　https://www.mhlw.go.jp/stf/seisakunitsuite/bunya/kenkou_iryou/shokuhin/
　　syokuten/index.html（2022.10.14）
消費者庁：食品添加物表示に関する情報
　　https://www.caa.go.jp/policies/policy/food_labeling/food_sanitation/food_additive/
　　（2022.10.14）
消費者庁：食品の安全を守る仕組み
　　https://www.caa.go.jp/policies/policy/consumer_safety/food_safety/food_safety_
　　portal/safety_system/（2023.8.15）
食品安全委員会：食品の安全に関する用語集
　　https://www.fsc.go.jp/yougoshu.html（2022.10.14）

（公益財団法人）日本食品化学研究振興財団：添加物

https://www.ffcr.or.jp/tenka/（2022.10.14）

（一般社団法人）日本食品添加物協会　食品添加物一覧

https://www.jafaa.or.jp/tenkabutsu01/tenkaichiran（2022.10.14）

演習問題

問1　食品添加物に関する記述である。正しいのはどれか。

（第 29 回管理栄養士国家試験）

(1) 食品添加物は，健康増進法で定義されている。

(2) 指定添加物は，消費者庁長官が指定する。

(3) 既存添加物は，天然添加物として使用実績があったものである。

(4) 天然香料は，指定添加物に含まれる。

(5) 一般飲食物添加物は，既存添加物に含まれる。

解答　(3)

p. 93「6.1.2 食品添加物の法規制」，p. 95「6.2.1 指定添加物」，p. 95「6.2.2 既存添加物」，
p. 96「6.2.3 天然香料」，p. 96「6.2.4 一般食物添加物」を参考

問2　食品衛生法に基づく食品添加物に関する記述である。正しいのはどれか。2
つ選べ。　　　　　　　　　　　　　　　（第 27 回管理栄養士国家試験）

(1) 食品添加物の指定は，消費者庁長官が行う。

(2) 一般飲食物添加物は，食品添加物に含まれる。

(3) 既存添加物は，指定添加物に含まれる。

(4) 天然由来の化合物は，指定添加物に含まれる。

(5) 天然香料は，指定添加物に含まれる。

解答　(2)，(4)

p. 93「6.1.2 食品添加物の法規制」，p. 95「6.2.1 指定添加物」，p. 95「6.2.2 既存添加物」，
p. 96「6.2.3 天然香料」，p. 96「6.2.4 一般食物添加物」を参考

問3　食品添加物の1日摂取許容（ADI）に関する記述である。正しいのはどれか。

（第 29 回管理栄養士国家試験）

(1) 1 年間摂取し続けても影響を受けない量のことである。

(2) ヒト試験によって求められる。

(3) 単位は，mg/kg 体重/年で示される。

(4) 最大無毒性量を安全係数で除して算出される。

(5) 種差と個人差を考慮した安全係数には，10 が使われる

解答　(4)

p. 99「6.4.3 無毒性量（NOAEL）と1日摂取許容量（ADI）」を参考

7 食品衛生管理

7.1 食品衛生管理の重要性

　食品衛生管理の目的は，食品製造において健康障害や健康被害となる食品衛生上の危害を防止し，消費者に衛生的でおいしい安全な食品を提供することである。食品衛生上の危害には，食中毒や感染症の病因となる細菌やウイルス，残留農薬やカビ毒，ヒスタミンなどの化学物質，金属片・ガラス片の異物などがある。そのため，食品製造にかかわる食品等事業者は，原材料の生産から製造，消費に至るまでのすべての過程（フードチェーン）において食品の安全・品質・衛生・安心を確保するためのシステムが必要となる。

7.1.1 HACCPとは

　HACCPは，Hazard Analysis and Critical Control Point から頭文字をとった略称で，「危害要因分析重要管理点」と訳される。HACCPは，宇宙食の安全性の確保するために 1960 年代に米国航空宇宙局（NASA）が開発した食品衛生管理システムである。このHACCPはすべての食品の安全性確保に対応できるものとして，世界保健機構（WHO）と国際連合食糧農業機関（FAO）の合同機関である食品規格委員会（コーデックス委員会）で認められ，科学的・合理的・効果的で有効性の高い食品衛生管理手法の国際基準として普及している。原材料の生産・受入から最終製品の出荷に至るまでの全工程で発生しうる危害要因（ハザード）を予測分析し，製造工程のどの段階で危害要因を除去もしくは健康を損なわない許容レベルまで低減させるために必要な重要管理点（CCP）を設定後，危害要因のコントロールを行うことで最終製品の安全性を高める衛生管理の方法である。食品の製造・加工，調理，販売などにかかわるすべての食品等事業者は，HACCPによる衛生管理の実施と計画を作成しなければならない。

　HACCPは，HA（危害要因分析）とCCP（重要管理点）の2つに区分される。HACCPの概念は**図7.1**に示した。

　HACCPシステムでは，危害要因（ハザード）の管理を重点的に行う。危害要因は，健康に害を及ぼす可能性があるものであり，生物的ハザード，化学的ハザード，物理的ハザードの3つに分類される。危害要因の分類と内容は，**表7.1**に示した。

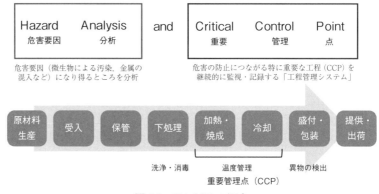

図 7.1 HACCP の概念

表 7.1 危害要因（ハザード）の分類・内容

分　類	ハザードの内容	
生物的ハザード	食品中の病原菌，ウイルス，寄生虫などの感染。またはそれらが体内で産生する毒素による健康被害	食中毒菌：腸炎ビブリオ，サルモネラ属菌，病原大腸菌など ウイルス：ノロウイルスなど 寄生虫：アニサキスなど その他：腐敗細菌など
化学的ハザード	食品中に含まれる化学物質による疾病，麻痺，慢性毒性の健康被害	化学物質：カビ毒，ヒスタミン，農薬など 自然毒：植物性・動物性自然毒など 特定原材料：アレルゲンなど
物理的ハザード	食品中に含まれる異物の物理的な作用による健康被害	金属片，ガラス片，プラスチック片など

7.1.2　HACCP 導入の 7 原則12手順

　HACCP システムの導入・実施の手順は，**図 7.2** に示した。

　HACCP システムは，7 原則 12 手順から構成されており，手順1〜5では HACCP プラン作成で重要となる危害要因分析のための準備を行う。手順6〜12では HACCP プランの作成を行い，HACCP の 7 原則を実施する。

　HACCP システムでは，原材料の納品，製造工程，製品の出荷までの全工程において，製品の危害要因の分析を行い，製造工程での危害要因の管理を検討して重要管理点（CCP）の設定を行う。製造時の重要管理点の管理基準や基準の測定法などを設定後，測定した値を記録として文書化する。このシステムを継続的に実施することで，製品の安全を確保する科学的な食品衛生管理が実施できる。

7.1.3　食品安全のための前提条件プログラム（PRP）

　食品を取り扱う製造現場では，すべての工程において微生物汚染のリスクが考えられるため，それぞれの製造工程における食品衛生管理の方法や管理手順などの食品衛生の基本となる衛生管理項目を一般的衛生管理プログラム（PRP：Prerequisite Programs）という。一般的衛生管理プログラムでは，標

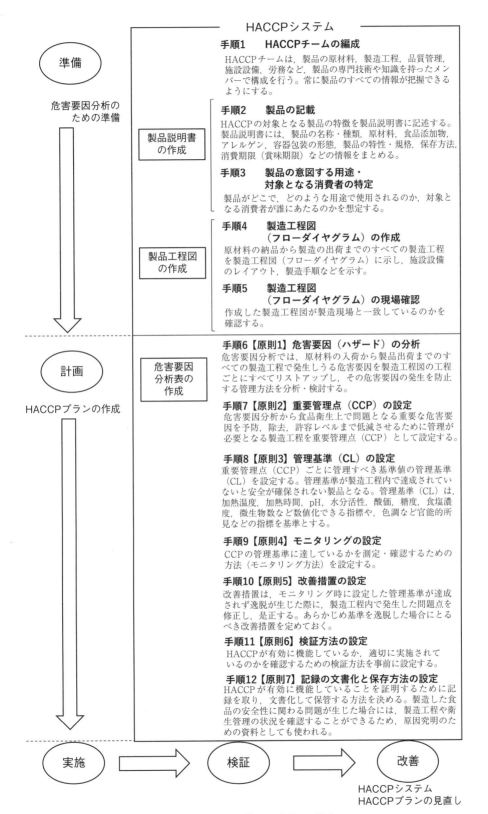

HACCPシステム

手順1　HACCPチームの編成

HACCPチームは，製品の原材料，製造工程，品質管理，施設設備，労務など，製品の専門技術や知識を持ったメンバーで構成を行う。常に製品のすべての情報が把握できるようにする。

手順2　製品の記載

HACCPの対象となる製品の特徴を製品説明書に記述する。製品説明書には，製品の名称・種類，原材料，食品添加物，アレルゲン，容器包装の形態，製品の特性・規格，保存方法，消費期限（賞味期限）などの情報をまとめる。

手順3　製品の意図する用途・対象となる消費者の特定

製品がどこで，どのような用途で使用されるのか，対象となる消費者が誰にあたるのかを想定する。

手順4　製造工程図（フローダイヤグラム）の作成

原材料の納品から製造の出荷までのすべての製造工程を製造工程図（フローダイヤグラム）に示し，施設設備のレイアウト，製造手順などを示す。

手順5　製造工程図（フローダイヤグラム）の現場確認

作成した製造工程図が製造現場と一致しているのかを確認する。

手順6【原則1】危害要因（ハザード）の分析

危害要因分析では，原材料の入荷から製品出荷までのすべての製造工程で発生しうる危害要因を製造工程図の工程ごとにすべてリストアップし，その危害要因の発生を防止する管理方法を分析・検討する。

手順7【原則2】重要管理点（CCP）の設定

危害要因分析から食品衛生上で問題となる重要な危害要因を予防，除去，許容レベルまで低減させるために管理が必要となる製造工程を重要管理点（CCP）として設定する。

手順8【原則3】管理基準（CL）の設定

重要管理点（CCP）ごとに管理すべき基準値の管理基準（CL）を設定する。管理基準が製造工程内で達成されていないと安全が確保されない製品となる。管理基準（CL）は，加熱温度，加熱時間，pH，水分活性，酸価，糖度，食塩濃度，微生物数など数値化できる指標や，色調など官能的所見などの指標を基準とする。

手順9【原則4】モニタリングの設定

CCPの管理基準に達しているかを測定・確認するための方法（モニタリング方法）を設定する。

手順10【原則5】改善措置の設定

改善措置は，モニタリング時に設定した管理基準が達成されず逸脱が生じた際に，製造工程内で発生した問題点を修正し，是正する。あらかじめ基準を逸脱した場合にとるべき改善措置を定めておく。

手順11【原則6】検証方法の設定

HACCPが有効に機能しているか，適切に実施されているのかを確認するための検証方法を事前に設定する。

手順12【原則7】記録の文書化と保存方法の設定

HACCPが有効に機能していることを証明するために記録を取り，文書化して保管する方法を決める。製造した食品の安全性に関わる問題が生じた場合には，製造工程や衛生管理の状況を確認することができるため，原因究明のための資料としても使われる。

準備
危害要因分析のための準備

製品説明書の作成

製品工程図の作成

計画
HACCPプランの作成

危害要因分析表の作成

実施　→　検証　→　改善

HACCPシステム
HACCPプランの見直し

図7.2　HACCP導入・実施の手順

表 7.2 一般的衛生管理プログラムの項目と内容

項　目	内　容
1.　施設構造（採光・換気・天井・手洗い設備・機器などの洗浄設備）の衛生管理	・施設設備の衛生状態を良好に保つために，清掃・点検を実施して清潔を維持 ・照明設備，換気システム，網戸などの定期的な清掃と点検の実施
2.　施設・設備，機械・器具の保守点検	・施設・設備：常に良好な環境で食品製造ができるよう整備 ・機械・容器・器具類：食品に直接触れるものを清潔な状態で管理し，常に保守・点検を行って破損・故障の発生防止
3.　そ族・昆虫の防除	・防そ・防虫の設備が整備され，定期的に点検管理，定期的な除去作業，発生・侵入防止の対策が行われていること
4.　使用水の衛生管理	・受水槽・井戸水使用では定期的（年1回以上）に水質試験を実施 ・使用水の遊離残留塩素濃度 0.1mg/L（ppm）以上を確認
5.　排水および廃棄物の衛生管理	・排水：適切に排水されているのかを確認 ・廃棄物：内容の分別，フタ付の廃棄物容器を使用し製造現場以外での保管
6.　従業者の衛生管理	・常に健康状態に留意し，日々の健康状態を確認 ・定期的に健康診断，腸内細菌検査の実施 ・手洗いの徹底，衛生的な作業着・帽子の着用，マスク着用の指導を徹底
7.　従業者の衛生教育	・従業員の衛生管理システム（HACCPなど）への理解と実施 ・従事者に必要な教育・訓練を実施して衛生管理を円滑に実施
8.　食品の衛生的取り扱い	・原材料の納入業者の衛生管理状況を確認 ・原材料の検収，保管，製造での適切な衛生管理の実施 ・製造工程での二次汚染防止の徹底 ・食品に直接触れる機器・容器・器具類の清潔を維持
9.　製品の回収プログラム	・出荷後に不良品が発生した場合，迅速かつ適切な製品回収を行う回収プログラムの設定，公表や監督官庁（保健所など）への届出
10.　試験・検査に用いる設備等の保守点検	・常に正確な試験検査の実施 ・試験成績の信頼性保証のため，必要な精度管理の実施

出所）田崎達明編：食品衛生学，表1 一般的衛生プログラム（PRP）の要点のイメージ，158，羊土社（2017）および新宮和裕：新版やさしいHACCP入門，99-101，日本規格協会（2017）

準衛生作業手順書（SSOP：standard sanitation operation produce）を作成し，標準的な衛生管理の方法を設定する。標準衛生作業手順書を基本として日常の食品衛生管理の徹底を行い，施設・設備と機械・器具の衛生管理，従業者の衛生管理・衛生教育などが十分に行われることで，食品を取り巻く製造環境の微生物の汚染を防ぐことができる。

　HACCPの有効性を高めるためには，製造環境などからの微生物汚染を予防できる一般的衛生管理プログラムの実施が不可欠であり，一般的衛生管理プログラムは，HACCPシステム導入前に整備をしておく必要がある。特に，HACCPシステムの重要管理点（CCP）は一般的衛生管理プログラムと同時に実施することで危害要因のコントロールが可能となり，より効果の高い食品の安全性を確保することができる。

　食品製造現場において，一般的衛生管理プログラムとして実施する必要のある項目は**表 7.2**に示した。

7.1.4　食品工場での HACCP の適用

　食品工場における HACCP について「鶏の唐揚げ」をモデルに取り上げる。「鶏の唐揚げ」は，店舗で取り扱う惣菜類の中でも主力商品の一つであり，危害要因の多い原材料を使用している。

　「鶏の唐揚げ」の製品説明書は，**表 7.3**に示した。

表7.3　製品説明書（鶏の唐揚げ）

製品説明書		
製品名	鶏の唐揚げ	
記載事項	内　　容	
製品の名称	鶏の唐揚げ	
製品の種類	そうざい	
原材料に関する事項	鶏もも肉，調味料（酒，醤油，おろし生姜，おろしニンニク），唐揚げ粉，揚げ油，水 アレルギー物質：小麦 使用水：一般水道水	
添加物の名称とその使用量	なし	
容器包装の材質及び形態	ポリプロピレン	
製品の特性	なし	
製品の規格	自社基準（出荷基準）	衛生規範
	一般生菌数：10,000 個/g 以下 大腸菌群：陰性 黄色ブドウ球菌：陰性	弁当・惣菜（加熱食品） 一般生菌数：100,000 個/g 以下 大腸菌群：陰性 黄色ブドウ球菌：陰性
保存方法	保管冷蔵庫内：15℃～20℃以下 工場内出荷までと配送時トラック庫内温度：15℃～20℃以下 納品後：顧客先で冷暗所で保管	
消費期限または賞味期限	消費期限：製造後4時間以内	
喫食または利用の方法	製造後4時間以内に喫食	
喫食の対象者	一般消費者	

出所）厚生労働省：食品製造における HACCP 入門のための手引き書　大量調理施設における食品の調理編，付録Ⅰ，製品説明書「仕出し弁当」をもとに筆者作成

　唐揚げ類は，衛生規範では加熱処理したそうざいであり，「弁当及びそうざいの衛生規範」が適用されるため，最終製品の規格は一般生菌数10万個/g 以下，大腸菌陰性，黄色ブドウ球菌陰性となる。

　「鶏の唐揚げ」の製造工程は，図7.3 に示した。給食施設やデリカの調理場等では，同時に複数の惣菜類を加工することが多いため，二次汚染防止の視点から作業区分の検討が必要である。

　作業動線は，原料と加熱品との交差防止がポイントとなる。限られたスペース内で原料から加熱→放冷→包装とワンウェイの流れを作ることが重要である。それに対応した人の配置や作業手順を定める必要がある（日佐和夫・仲尾玲子編　2014：158-159）。

　危害要因分析表は，表7.4 に示した。

　肉類加工品における食中毒は，サルモネラ属菌，カンピロバクター，病原性大腸菌によるものが代表的である。とくに加工鶏肉からはカンピロバクターが多く検出される。そのため，十分な加熱や原料での増殖防止，加熱後の二次汚染対策が重要である。フライに使用される小麦粉ではセレウス菌への注意が必要となるため，保管時の温度管理が重要である。

　唐揚げ類における加熱（フライ工程）は，十分な加熱を行うことにより加

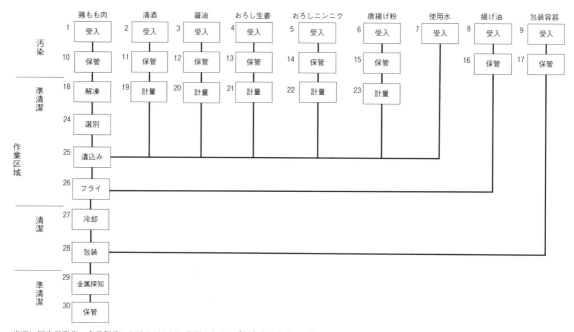

出所）厚生労働省：食品製造における HACCP 入門のための手引き書　大量調理施設における食品の調理編，付録Ⅰ，34 をもとに筆者作成

図7.3　製造工程一覧図（鶏の唐揚げ）

熱殺菌が可能である。しかし，原材料の管理が不良であれば耐熱性細菌等の生存の可能性が高くなるため，原材料の低温管理が重要である。肉類に起因する他の危害要因には，抗生物質や農薬の残留等があるため，原材料履歴の把握が必要である。

　危害要因分析から抽出された重要管理点（CCP）の HACCP プランを**表7.5** に示した。

　HACCP プランを作成する際は，重要管理点（CCP）の管理手段，管理基準，モニタリング方法，改善措置，検証方法，記録を行う文書等を簡潔にする。重要管理点に該当しない項目は，一般的衛生管理プログラム（PRP）となるため，標準衛生作業手順書（SSOP）への記載を行う。

7.1.5　HACCP の必要性と導入メリット

　食品衛生法の改正に伴い，2021 年 6 月に食品等事業者（食品関連企業）に対して HACCP の制度化が施行された。これにより，原則としてすべての食品等事業者が「HACCP に沿った衛生管理」の実施が義務づけられ，Codex 委員会が国際的規範として示している HACCP の 7 原則 12 手順に基づいた「HACCP に基づく衛生管理」を行うこととなった。

　HACCP は，科学的・合理的・効果的で有効性の高い食品衛生管理の手法であるため，製品の安全性を確保することが可能である。HACCP の導入により，原材料の生産・受入から最終製品を出荷するまでのすべての製造工程

表7.4 危害要因分析表（鶏の唐揚げ）

(1) 原材料／工程	(2) 予想される危害要因	(3) 食品から減少・排除が必要で重要な危害要因か？	(4) (3)の判断根拠	(5) (3)の重要な危害要因の管理手段	(6) この工程はCCPか？
1受入（鶏もも肉）	生物：病原微生物の存在　有害微生物：サルモネラ属菌　カンピロバクター　黄色ブドウ球菌　病原性大腸菌	YES YES YES YES	原材料に存在している可能性	26）フライ工程で殺菌可能	NO（PRPで対応）
	耐熱芽胞菌：ボツリヌス，ウェルシュ，セレウス	NO YES	嫌気性菌のため保管中に増殖不可　製品内に存在の可能性	27）冷却工程以降の低温管理で増殖制御可能	NO（PRPで対応）
	化学：抗生物質の存在	NO	受入時の検査証明書で確認		
	物理：金属片の存在	YES	原材料に存在している可能性	29）金属探知で最終製品の管理実施	NO（PRPで対応）
4受入（おろし生姜）	生物：病原微生物の存在　有害微生物：サルモネラ属菌　カンピロバクター　病原性大腸菌	YES YES YES	製品に存在している可能性	26）フライ工程で殺菌可能	NO（PRPで対応）
	耐熱芽胞菌：セレウス	YES		27）冷却工程以降の低温管理で増殖制御可能	NO（PRPで対応）
5受入（おろしにんにく）	生物：病原微生物の存在　有害微生物：サルモネラ属菌　カンピロバクター　病原性大腸菌	YES YES YES	製品に存在している可能性	26）フライ工程で殺菌可能	NO（PRPで対応）
	耐熱芽胞菌：セレウス	YES		27）冷却工程以降の低温管理で増殖制御可能	NO（PRPで対応）
6受入（唐揚げ粉）	生物：病原微生物の存在　有害微生物：病原性大腸菌	YES	製品に存在している可能性	26）フライ工程で殺菌可能	NO（PRPで対応）
	耐熱芽胞菌：セレウス	YES		27）冷却工程以降の低温管理で増殖制御可能	NO（PRPで対応）
18解凍（鶏もも肉）	生物：病原微生物の増殖	YES	不適切な解凍温度と時間により増殖の可能性	26）フライ工程で管理可能	NO（PRPで対応）
25漬込み	生物：病原微生物の汚染	NO	不適切な取扱いによる汚染が考えられるが，食品取扱設備等と従業者の衛生管理順守で管理可能		
	病原微生物の増殖	NO	低温管理（5℃以下）で管理可能		
26フライ	生物：病原微生物の生残	YES	加熱温度，加熱時間の不足による生残	適切に管理されたフライヤーの使用で，適切な加熱温度・時間を管理	CCP1
	物理：金属異物の混入	NO	使用器具の破片等が異物となる可能性	29）金属探知で最終製品の管理実施	NO（PRPで対応）
27冷却	生物：病原微生物の増殖	YES	冷却不足による生残の耐熱芽胞菌が発芽の可能性	急速に冷却	CCP2
	病原微生物の汚染	NO	不適切な取扱いによる汚染が考えられるが，食品取扱の衛生管理順守で管理可能		
28包装	生物：病原微生物の汚染	NO	不適切な取扱いによる汚染が考えられるが，食品取扱設備等の衛生管理順守で管理可能		
29金属探知	物理：金属異物の混入	YES	製造工程で混入した金属異物を排除しきれない可能性	管理された金属探知機で全品の検査実施	CCP3

出所）厚生労働省：食品製造における HACCP 入門のための手引き書　大量調理施設における食品の調理編，付録Ⅰ，35-38 をもとに作成

表7.5　HACCP プラン

CCP 番号	CCP1
工程	26　フライ
危害要因	生物的危害：病原微生物の増殖
発生要因	加熱温度，加熱時間の不足による生残
管理手段	適切に管理されたフライヤーを用いて，適正な加熱温度・時間を管理 （食品の中心温度が75℃以上1分間以上に到達する加熱を行う）
管理基準（CL）	揚げ油温度170℃・2分間加熱
モニタリング方法	作業手順を遵守し，フライヤーの油温とタイマーの設定を確認・記録する 　頻度　：ロット毎 　担当者：加熱工程担当
改善措置	フライヤーの温度，加熱時間が規定に満たないものは廃棄する フライヤーの温度，時間を再調整すると共に修正措置を記録する 　担当者：加熱工程担当
検証方法	現場責任者は下記検証を行う ・からあげ製造記録の確認（毎日） ・製品微生物検査及び結果の確認（製品製造日ごと） ・フライヤーのメンテナンス（毎月） ・唐揚げの中心温度・加熱時間の測定（毎日） ・温度計・タイマーの校正（毎週）
記録文書名・内容	「唐揚げ製造記録」「微生物検査結果報告書」「フライヤーメンテナンス記録」 「唐揚げ中心温度測定記録」「温度計校正記録」
CCP 番号	CCP2
工程	27　放冷
危害要因	生物的危害：病原微生物の増殖
発生要因	冷却不足により，生残している耐熱芽胞菌が発芽の可能性
管理手段	急速に冷却する
管理基準	真空冷却機に入れ60分以内で中心温度を5℃以下にする
モニタリング方法	真空冷却機のタイマーを60分に設定されていることを確認し，冷却終了後中心温度が5℃以下になっていることを確認する 　頻度　：ロット毎 　担当者：加熱工程担当
改善措置	規定の時間内に温度が下がらない場合は，破棄または他の製品に使用する装置を点検し，通常運転を確認した後，作業を再開する 　担当者：加熱工程担当
検証方法	現場責任者は下記検証を行う ・からあげ製造記録の確認（毎日） ・製品微生物検査結果の確認（製品製造日ごと） ・真空冷却機のメンテナンス（毎月） ・温度計の校正（毎月）
記録文書名・内容	「唐揚げ製造記録」「微生物検査結果報告書」「真空冷却機メンテナンス記録」 「温度計校正記録」「改善措置記録」
CCP 番号	CCP3
工程	28　金属探知
危害要因	物理的危害：金属片の残存
発生要因	金属探知機の不具合で残存の可能性
管理手段	正常に作動する金属探知機に全品を通す
管理基準	テストピースサイズ Fe ϕ 1.2mm以上，Sus ϕ 3.0mm以上を感知すること
モニタリング方法	金属探知器のテストピースを通し，金属の感知と排除機能が作動することを確認する。 　頻度　：作業開始前，作業開始以降1時間毎，作業終了後 　担当者：品質管理担当
改善措置	①テストピースで無感知，および排除機能の不備があった場合は正常に反応した時間まで遡り不適合品として識別し隔離する ②品質管理責任者は不適合品を再度通過させる ③製造責任者は原因究明を行い，金属探知機を復旧させる ④金属探知機の復旧後，正常に反応することを確認し金属探知工程を再開する
検証方法	・製造責任者は金属探知機確認記録を確認し，承認（毎日） ・品質管理責任者は改善措置記録を確認（発生毎） ・現場責任者は金属探知機のメンテナンス実施（年1回）
記録文書名・内容	「金属探知機確認記録」「改善措置記録」「金属探知機メンテナンス記録」

出所）厚生労働省：食品製造における HACCP 入門のための手引き書　大量調理施設における食品の調理編，付録Ⅰ，8，39-40 をもとに筆者作成

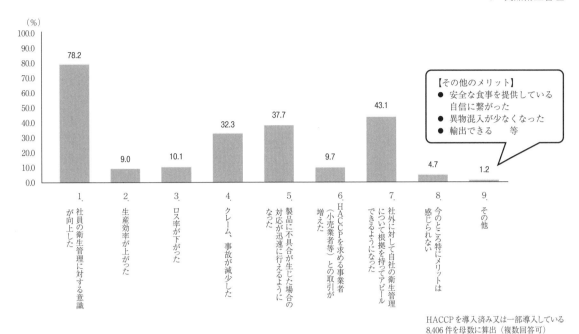

出所）厚生労働省食品安全部監視安全課 HACCP 企画推進室：HACCP の普及・導入支援のための実態調査結果をもとに筆者作成

図 7.4　HACCP 導入のメリット

における食品衛生管理の実施状況の記録・保存を行うため，安全性の問題が生じた際に原因究明を容易に実施することが可能となる。厚生労働省の「HACCP の普及・導入支援のための実態調査結果」によると，HACCP の導入により「社員の衛生管理に対する意識が向上した」と回答した施設が78.2％を占めており，従業員への**教育・研修**を定期的に実施することで，日々の衛生管理レベルの向上につながる＊。

7.1.6　国際標準化機構（ISO）

　ISO は，International Organization for Standardization（国際標準化機構）の略称であり，国際的に標準となる国際規格を策定し，国家間の製品やサービス交換など世界貿易の発展に寄与している。ISO には，食品安全以外に工業製品・農業・医療などの幅広い分野の国際規格があり，ISO 規格の使用により，安全で信頼性の高い製品やサービスの提供が可能となる。ISO の基本規格として，ISO：9001：2000（品質マネジメント規格），ISO14000：2004（環境マネジメント規格），ISO22000：2018（食品安全マネジメント規格）がある。

　ISO22000 は，「食品安全に関するマネジメントシステム」の規格であり，ISO9001「品質マネジメント規格」に加えて，食品危害分析システムのHACCP を融合させ，より効果的に食品安全の維持および改善を行うことが可能である。さらに ISO22000：2018 では，リスクに基づく考え方があらたに取り入れられている。

＊**教育・研修**　従業員の「ほう・れん・そう」の教育：報告（ほう）・連絡（れん）・相談（そう）といった組織に所属する者としての基本的なコミュニケーションを忘らないように教育する。近年では，これらに加えて記録も求められている。
　従業員の5Sの徹底：整理・整頓・清掃・清潔・しつけのことを指す。「ほう・れん・そう」と同様に従業員が習慣的に実施できるように指導することが重要である。

ISO22000 では，食品製造業者に加えて，飼料生産者，一次生産者，輸送・保管業者，小売業，食品サービス提供業，洗浄剤・食品添加物・包装資材などの生産者も含め，すべての食品関連事業者が対象となる。

7.2　集団給食施設における衛生管理
7.2.1　施設設備の衛生管理および従業者の衛生管理・衛生教育

食品製造施設では，二次汚染防止のために微生物汚染の程度により「汚染作業区域」，「準清潔作業区域」，「清潔作業区域」に区分（ゾーニング）し，製造工程ごとに作業が交錯しないようにする。作業区域ごとに機器・器具類を専用化し，作業動線を明確にすることで従業者の衛生意識の向上につながる。作業区域については，図7.5 で示した。

食品製造施設では，従業者の衛生管理や衛生意識が食中毒予防につながり，一般的衛生管理プログラムを効果的に実施するためにも従業者への衛生教育が重要である。「労働安全衛生法」では，採用時に業務に関する安全・衛生のための教育を行うことが定められている。具体的な項目は，表7.6 で示した。

食品製造施設では衛生管理のマニュアルの作成・整備を行い，日々の業務内で確実に実行されているかを確認し，不備がある場合は従業者への改善を

①汚染作業区域
　食材の搬入・検収・保管，下処理，従業者トイレ，下膳後の食器の洗浄場所など，病原菌など微生物による汚染の可能性が高い場所をさす。
②準清潔作業区域
　下処理後の食材の加熱処理や調味，非加熱食材の洗浄・殺菌・カットなどを行う場所をさす。
③清潔区域
　加熱後の食品をカット，混合，盛りつけなどを行い，病原菌などの微生物汚染があってはならない場所をさす。

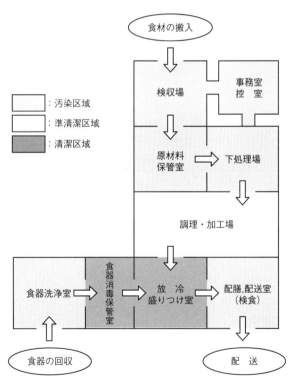

出所）一色賢司編：食品衛生学（第2版）（新スタンダード栄養・食物シリーズ8），165 図9.2，東京化学同人（2019）をもとに筆者作成

図 7.5　食品製造施設の作業区域・作業動線

表7.6　従業者の衛生管理

◆健康管理	◆手洗い
・年1回の健康診断を行う ・定期的な検便（腸内細菌検査）を実施し，病原菌の保菌者でないことを確認する ・病原菌の保菌者にならないよう食生活に注意する	従業者の手指を介した二次汚染を防止するために衛生的な手洗いの実施が必要である。 ＜手洗いマニュアル＞　大量調理施設衛生管理マニュアルより ①水で手をぬらし石けんをつける ②指，腕を洗う。とくに指の間，指先をよく洗う（30秒程度） ③石けんをよく洗い流す（20秒程度） 　※①～③は2回繰り返す ④使い捨てペーパータオルなどでふく（タオルなどの共用はしないこと） ⑤消毒用のアルコールをかけて手指をよくすりこむ
◆作業衣服 ・アクセサリー類（ピアス，指輪など），マニキュア，時計などは外す ・施設内専用の清潔な作業衣（白が望ましい），作業帽子（毛髪を完全に覆うもの），マスク，履き物を着用する	＊使い捨て手袋を使用する前も①～⑤が必要 ＊爪は短く切り，マニキュア，ジェルネイル，ハンドクリームなどはつけない ＊石けん，爪ブラシ，ペーパータオル，殺菌液（エタノールなど）を使用する

指導する。従業者は，定期的な研修会や講習会などに参加し，食品衛生に必要な知識や技術の向上に努める。

7.2.2　HACCP

ポテトサラダの製造を例として HACCP を示した（**表7.7**）。

7.2.3　大量調理施設衛生管理マニュアル

　大量調理施設衛生管理マニュアルは，特定給食施設における食中毒発生予防を目的に厚生労働省が作成した。大量調理施設衛生管理マニュアルでは，「同一メニューを1回300食以上または1日750食以上を提供する調理施設に適用する」としており，特定給食施設ではこのマニュアルを遵守した衛生管理を実施する。

　調理工程における重要管理事項が HACCP の概念に基づいて4点示されている。

① 原材料受入れおよび下処理段階における管理を徹底すること

② 加熱調理食品については，中心部まで十分に加熱し，食中毒菌など（ウイルスを含む。以下同じ）を死滅させること

③ 加熱調理後の食品および非加熱調理食品の二次汚染防止を徹底すること

④ 食中毒菌が付着した場合に菌の増殖を防ぐため，原材料および調理後の食品の温度管理を徹底すること

特定給食施設では HACCP の概念に基づいた衛生管理体制を実施し，重要管理事項について点検・記録を行い，必要な改善措置を講じる必要がある。

表 7.7 HACCP プラン（ポテトサラダ）

作業区域	製造工程	原材料	発生が予測される危害要因（ハザード）	重要なハザードか	判断根拠	ハザードの管理手段	PRP/CCP
汚染	受入	じゃがいも	生物：病原微生物の存在（病原性大腸菌，黄色ブドウ球菌）	YES	生産時に付着・汚染の可能性	スチームで排除可能	PRP
			生物：病原微生物の存在（耐熱芽胞菌，セレウス菌）	YES	生産時に付着・汚染の可能性	スチームでも芽胞が残るため冷却で増殖抑制	PRP
			物理：異物の残存（金属片）	YES	生産時に混入の可能性	最終製品の金属探知で管理	PRP
		きゅうり	生物：病原微生物の存在（病原性大腸菌，黄色ブドウ球菌）	YES	生産時に付着・汚染の可能性	洗浄殺菌で排除可能	PRP
			生物：病原微生物の存在（耐熱芽胞菌，セレウス菌）	YES	生産時に付着・汚染の可能性	洗浄殺菌でも芽胞が残るため冷却で増殖抑制	PRP
			物理：異物の残存（金属片）	YES	生産時に混入の可能性	最終製品の金属探知で管理	PRP
		玉ねぎ	生物：病原微生物の存在（病原性大腸菌，黄色ブドウ球菌）	YES	生産時に付着・汚染の可能性	洗浄殺菌で排除可能	PRP
			生物：病原微生物の存在（耐熱芽胞菌，セレウス菌）	YES	生産時に付着・汚染の可能性	洗浄殺菌でも芽胞が残るため冷却で増殖抑制	PRP
			物理：異物の残存（金属片）	YES	生産時に混入の可能性	最終製品の金属探知で管理	PRP
	冷蔵保管	じゃがいもきゅうり玉ねぎ	生物：病原微生物の増殖	NO	冷蔵庫の温度管理の徹底		PRP
準清潔	洗浄	じゃがいもきゅうり玉ねぎ	生物：病原微生物の増殖・汚染	NO	温度管理・洗浄時間の管理による増殖抑制，衛生管理（洗浄槽・器具の洗浄）により制御可能		PRP
			物理：異物の混入（金属片）	YES	洗浄槽・使用器具破損の可能性	最終製品の金属探知で管理	PRP
	計量・カット・スライス・混合	じゃがいもきゅうり玉ねぎ	生物：病原微生物の汚染	NO	衛生管理（器具の洗浄，従業者の手洗い）により制御可能		PRP
			物理：異物の混入（金属片）	YES	使用器具の破損の可能性	最終製品の金属探知で管理	PRP
	スチーム		生物：病原微生物（非芽胞性）の生残	NO	十分な加熱温度・時間で管理可能		PRP
	洗浄殺菌		生物：病原微生物の生残	YES	殺菌液濃度の低下により殺菌不良の可能性	殺菌液濃度と時間で管理	CCP1
			物理：異物の混入（金属片）	YES	使用器具の破損の可能性	最終製品の金属探知で管理	PRP
	冷却・真空冷却		生物：病原微生物の増殖	YES	チラー水の温度上昇により冷却不良の可能性	チラー水の温度ろ冷却時間で管理	CCP2
			物理：異物の混入（金属片）	YES	使用器具の破損の可能性	最終製品の金属探知で管理	PRP
	真空冷却		生物：病原微生物の増殖	YES	冷却不足により，生残している耐熱芽胞菌の発芽の可能性	急速に冷却	CCP3
			物理：異物の混入（金属片）	YES	使用器具の破損の可能性	最終製品の金属探知で管理	PRP
清潔	冷却保管・計量・混合		生物：病原微生物の汚染	NO	衛生管理（器具の洗浄，従業者の手洗い）により制御可能		PRP
	冷蔵保管		生物：病原微生物の増殖	YES	冷蔵庫の温度管理の不備による増殖の可能性	冷蔵庫（保管温度）の管理	CCP4
			病原微生物の汚染	NO	衛生管理（器具の洗浄，従業者の手洗い）により制御可能		PRP
	提供		物理：異物の残存（金属片）	YES	金属検出機の不備により検出できない可能性	感度確認された金属検出機で管理	CCP5

出所）厚生労働省：食品製造における HACCP 入門のための手引書大量調理施設における食品の調理編，付録 1　HACCP モデル例「ポテトサラダ」より作成

田﨑達明編：食品衛生学（改訂第 2 版），156 の概略図ハンバーグ製造を例にした HACCP 方式の図，羊土社（2019）をもとに筆者作成

7.3　家庭における衛生管理

厚生労働省「食中毒統計」によると，家庭での食中毒の発生は，2019（令和元）〜2021（令和3）年で発生した食中毒件数のうち14.2〜18.7％を占めている（原因施設が判明したもの：17.0〜24.2％）。病因物質は，寄生虫，細菌，自然毒などがみられる。この中で厚生労働省は，家庭での細菌性食中毒を予防するために，「家庭でできる食中毒予防の6つのポイント」を公表している。この中で，食中毒予防のために特に注意を必要とするポイントを重要管理点（CCP）と位置づけて家庭での6つのポイント（① 食品の購入，② 家庭での保存，③ 下準備，④ 調理，⑤ 食事，⑥ 残った食品）としている。

この6つのポイントは食中毒予防の三原則「付けない，増やさない，やっつける」から構成されており，家庭でも実践することで食中毒予防につながる。

7.3.1　手洗い

"食品衛生は，手洗いに始まり手洗いに終わる"といわれるほど，手洗いは重要である。

（1）手洗いの効果

微生物は肉眼ではみえないため，見た目の汚れ具合ではなく，みえない微生物までをも洗い流す必要がある。石けん液，爪ブラシを使用することで手洗い前および手洗い後の手指の付着菌を減らすことができる。

（2）洗い残しが多い部位

手洗いの洗い残しが多い部位は，図7.7 に示した。手洗いの際はこちらの部位を意識して洗うことで，より効果の高い手洗いが実施できる。

7.3.2　手洗いの方法

家庭で調理を行う際にも「大量調理施設衛生管理マニュアル」に記載されている手洗いを実施することが望ましい。

7.3.3　手洗いの重要性

手洗いは細菌性食中毒の予防のみならず，ノロウイルスによる食中毒や感染症を予防するためにも重要な手段の一つである。家庭で調理を行う際にも「大量調理施設衛生管理マニュアル」に記載

出所）厚生労働省：家庭でできる食中毒予防の6つのポイント，

図7.6　厚生労働省「家庭でできる食中毒予防の6つのポイント」

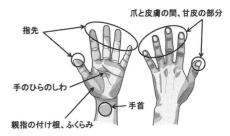

出所）厚生労働省：食中毒予防のための衛生的な手洗いについて（日本食品衛生協会）

図7.7　洗い残しの多い部位

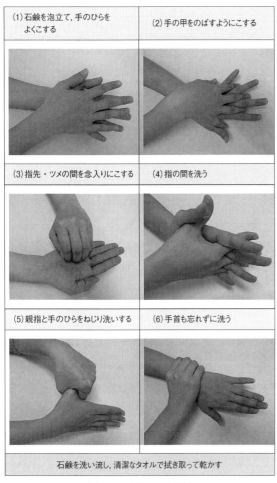

(1) 石鹸を泡立て, 手のひらをよくこする	(2) 手の甲をのばすようにこする
(3) 指先・ツメの間を念入りにこする	(4) 指の間を洗う
(5) 親指と手のひらをねじり洗いする	(6) 手首も忘れずに洗う

石鹸を洗い流し, 清潔なタオルで拭き取って乾かす

図 7.8 手洗いの手順

されている手洗いを実施することが望ましい。調理以外でも食事前, 外出から帰宅後の手洗いも必要である。

7.3.4 細菌性食中毒予防の三原則・ウイルス性食中毒予防の四原則

細菌性食中毒を予防する上で「付けない, 増やさない, やっつける」が重要である。

「付けない」:食品に食中毒の原因となる細菌で汚染させない

「増やさない」:食品の中で細菌を増殖させない

「やっつける」:食品や器具に付着した細菌を殺菌する。食品は, 中心温度 75℃・1 分間以上の加熱を行う

ウイルスは食品中では増殖しないが, ごく微量の汚染でウイルス性食中毒の原因となる。まずはウイルスを「持ち込まない」, 持ち込んだ場合は「ひろげない」よう調理環境を整えることが重要である。

「持ち込まない」:調理作業を行う場所にウイルスを持ち込まないために, 手洗いを徹底する

「ひろげない」:食品や調理器具が汚染されないよう手洗い, 消毒を徹底する

「付けない」:二次汚染による食品への付着を防ぐために手洗いや器具の消毒を徹底する

「やっつける」:食品は中心温度 85～90℃・90 秒以上の加熱を行う

7.4 食品のトレーサビリティとフードチェーン

近年の食品事故（健康被害や食品偽装表示など）では, 食品製造事業者だけの責任問題ではなく, フードチェーン全体（農場, 原料, 物流, 保管など）での問題点が, 最終製品に影響を及ぼす事例が増えている。マスコミには健康被害もさることながら食品偽造が大きく取り上げられ, 企業倒産や経営者の退陣などの事態に発展している。

7.4.1 牛トレーサビリティ法

牛トレーサビリティ法の正式名称は，「牛の個体識別のための情報の管理及び伝達に関する特別措置法（法律第72号：平成15年6月11日）」である。国内では牛トレーサビリティ法に基づき，BSE（牛海綿状脳症）のまん延防止措置の実施，牛の個体識別情報提供促進などを目的とし，牛トレーサビリティ制度が運用されている。BSEは，国内で2001年9月に発症が確認され，このBSE事件を契機に輸入肉を国産肉として販売した偽装表示の事件が多発したため，牛トレーサビリティ法が公布された。

牛トレーサビリティ法では，① 国内で生まれたすべての牛と輸入牛に個体識別番号を印字（耳標装着），② 肉牛の場合，出生・肥育・と殺・解体処理までデータベース化，③ 精肉加工肉に個体識別番号などが表示され，仕入れ相手先などを帳簿に記録，④ 追跡・訴求が可能になるシステムである。

7.4.2 米トレーサビリティ法

米トレーサビリティ法の正式名称は，「米穀等の取引等に係る情報の記録及び産地情報の伝達に関する法律（法律第26号：平成21年4月24日）」である。米トレーサビリティ法では，米・米加工品に問題生じた際の流通ルートを特定するために，生産から販売・提供までの各段階において，取引などの記録を作成・保存すること，事業者や一般消費者に米穀の産地情報を伝達することとしている。米・米加工品の生産，販売，輸入，加工，製造，提供を行うすべての米穀事業者が対象となる。対象品目は，米穀（もみ，玄米，精米，砕米），主要の食糧に該当するもの（米粉，ミール，米粉調整品，米こうじなど），米飯類（弁当，おにぎり，赤飯，包装米飯，乾燥米飯など），米加工食品（もち，だんご，米菓，清酒，みりんなど）がある。

7.5 水道法と水質管理

食品衛生法では，食品製造施設において使用する水は水道法の水質基準に適した水，もしくは「食品製造用水」を使用することとしている。水道法により定められている水質基準51項目を遵守する必要があり，その他に水質管理目標設定26項目，要検討項目47項目がある。「食品製造用水」とは，水道水または「食品，添加物等の規格基準」に定める26項目に適合する水であり，さらに，水道水の消毒については水道法施行規則に定められている。水道法では「大腸菌　陰性」であるが，厚生労働省では「食品製造用水」に対し，「大腸菌群　陰性」を義務づけている。使用する水は，残留塩素が0.1 mg/L（ppm）であることを毎日確認する必要がある。食品製造施設では，食品の洗浄のみならず，使用する機器・器具，手指などの洗浄に用いる水も水道法の水質基準に適した水，もしくは「食品製造用水」を使用する。

表 7.8　水道法による水道基準項目と基準値（51 項目）

項目	基準	項目	基準
一般細菌	1 ml の検水で形成される集落数が 100 以下	総トリハロメタン	0.1 mg/L 以下
大腸菌	検出されないこと	トリクロロ酢酸	0.03 mg/L 以下
カドミウム及びその化合物	カドミウムの量に関して，0.003 mg/L 以下	ブロモジクロロメタン	0.03 mg/L 以下
水銀及びその化合物	水銀の量に関して，0.0005 mg/L 以下	ブロモホルム	0.09 mg/L 以下
セレン及びその化合物	セレンの量に関して，0.01 mg/L 以下	ホルムアルデヒド	0.08 mg/L 以下
鉛及びその化合物	鉛の量に関して，0.01 mg/L 以下	亜鉛及びその化合物	亜鉛の量に関して，1.0 mg/L 以下
ヒ素及びその化合物	ヒ素の量に関して，0.01 mg/L 以下	アルミニウム及びその化合物	アルミニウムの量に関して，0.2 mg/L 以下
六価クロム化合物	六価クロムの量に関して，0.02 mg/L 以下	鉄及びその化合物	鉄の量に関して，0.3 mg/L 以下
亜硝酸態窒素	0.04 mg/L 以下	銅及びその化合物	銅の量に関して，1.0 mg/L 以下
シアン化物イオン及び塩化シアン	シアンの量に関して，0.01 mg/L 以下	ナトリウム及びその化合物	ナトリウムの量に関して，200 mg/L 以下
硝酸態窒素及び亜硝酸態窒素	10 mg/L 以下	マンガン及びその化合物	マンガンの量に関して，0.05 mg/L 以下
フッ素及びその化合物	フッ素の量に関して，0.8 mg/L 以下	塩化物イオン	200 mg/L 以下
ホウ素及びその化合物	ホウ素の量に関して，1.0 mg/L 以下	カルシウム，マグネシウム等（硬度）	300 mg/L 以下
四塩化炭素	0.002 mg/L 以下	蒸発残留物	500 mg/L 以下
1,4-ジオキサン	0.05 mg/L 以下	陰イオン界面活性剤	0.2 mg/L 以下
シス-1,2-ジクロロエチレン及びトランス-1,2-ジクロロエチレン	0.04 mg/L 以下	ジェオスミン	0.00001 mg/L 以下
ジクロロメタン	0.02 mg/L 以下	2-メチルイソボルネオール	0.00001 mg/L 以下
テトラクロロエチレン	0.01 mg/L 以下	非イオン界面活性剤	0.02 mg/L 以下
トリクロロエチレン	0.01 mg/L 以下	フェノール類	フェノールの量に換算して，0.005 mg/L 以下
ベンゼン	0.01 mg/L 以下	有機物（全有機炭素（TOC）の量）	3 mg/L 以下
塩素酸	0.6 mg/L 以下	pH 値	5.8 以上 8.6 以下
クロロ酢酸	0.02 mg/L 以下	味	異常でないこと
クロロホルム	0.06 mg/L 以下	臭気	異常でないこと
ジクロロ酢酸	0.03 mg/L 以下	色度	5 度以下
ジブロモクロロメタン	0.1 mg/L 以下	濁度	2 度以下
臭素酸	0.01 mg/L 以下	（空白）	（空白）

出所）厚生労働省：水質基準項目と基準値（51 項目）

【参考文献】
一色賢司編：食品衛生学（第 2 版）（新スタンダード栄養・食物シリーズ 8），東京化学
　同人（2019）
新宮和裕：新版　やさしい HACCP 入門，日本規格協会（2018）
田﨑達明編：食品衛生学（栄養科学イラストレイテッド），羊土社（2017）

【参考資料】
厚生労働省：HACCP（ハサップ）
　https://www.mhlw.go.jp/stf/seisakunitsuite/bunya/kenkou_iryou/shokuhin/haccp/
　index.html（2023.5.26）
厚生労働省：HACCP 導入のための参考情報（リーフレット、手引書、動画等）
　https://www.mhlw.go.jp/stf/seisakunitsuite/bunya/0000161539.html（2023.5.26）
厚生労働省：HACCP 導入のための手引書
　https://www.mhlw.go.jp/stf/seisakunitsuite/bunya/0000098735.html（2023.5.26）
農林水産省：改正食品衛生法の概要、HACCP 手引書等について
　https://www.maff.go.jp/j/shokusan/koudou/what_haccp/vision.html（2023.5.26）
厚生労働省：HACCP の普及・導入支援のための実態調査結果 概要
　https://www.mhlw.go.jp/file/06-Seisakujouhou-11130500-Shokuhinanzenbu/
　0000105293.pdf（2023.5.26）
厚生労働省：食中毒統計調査
　https://www.mhlw.go.jp/toukei/list/112-1.html（2023.5.26）
厚生労働省：食品等事業者の衛生管理に関する情報
　https://www.mhlw.go.jp/stf/seisakunitsuite/bunya/kenkou_iryou/shokuhin/syokuchu/
　01.html（2023.5.26）
厚生労働省：大量調理施設衛生管理マニュアル
　https://www.mhlw.go.jp/file/06-Seisakujouhou-11130500-Shokuhinanzenbu/
　0000168026.pdf（2023.5.26）
厚生労働省：家庭での食中毒予防
　https://www.mhlw.go.jp/stf/seisakunitsuite/bunya/kenkou_iryou/shokuhin/syoku-
　chu/01_00008.html（2023.5.26）
厚生労働省：家庭でできる食中毒予防の 6 つのポイント，
　https://www.mhlw.go.jp/topics/syokuchu/dl/point.pdf（2023.5.26）
厚生労働省：食中毒予防のための衛生的な手洗いについて
　https://www.mhlw.go.jp/file/06-Seisakujouhou-11130500-Shokuhinanzenbu/
　0000090171.pdf（2023.5.26）
厚生労働省：水質基準項目と基準値（51 項目）
　https://www.mhlw.go.jp/stf/seisakunitsuite/bunya/topics/bukyoku/kenkou/suido/
　kijun/kijunchi.html（2023.5.26）

演習問題

問 1　HACCP システムに基づいた生産管理方法を構築するために必要な事項で
　ある。誤っているのはどれか。1 つ選べ。　　　（第 30 回管理栄養士国家試験）
　（1）管理栄養士の配置の検討
　（2）献立計画における品質基準の設定
　（3）最終製品の抜き取り検査の導入
　（4）異物混入時の改善措置の検討
　（5）調理従事者の衛生管理点検表の検討

解答 （3）

p. 107「7.1.1 HACCP とは」, p. 108「7.1.2 HACCP 導入の 7 原則 12 手順」, p. 109「図 7.2 HACCP 導入・実施の手順」を参考

問 2 大量調理施設衛生管理マニュアルに基づき, 施設の衛生管理マニュアルを作成した。その内容に関する記述である。最も適当なのはどれか。1 つ選べ。

（第 35 回管理栄養士国家試験）

（1） 冷凍食品は, 納入時の温度測定を省略し, 速やかに冷凍庫に保管する。

（2） 調理従事者は, 同居者の健康状態を観察・報告する。

（3） 使用水の残留塩素濃度は, 1 日 1 回, 始業前に検査する。

（4） 加熱調理では, 加熱開始から 2 分後に, 中心温度を測定・記録する。

（5） 冷蔵庫の庫内温度は, 1 日 1 回, 作業開始後に記録する。

解答 （2）

p. 110「表 7.2 一般的衛生管理プログラムの項目と内要」, p. 117「7.2.3 大量調理施設衛生管理マニュアル」を参考

8 食品表示と規格基準

8.1 食品表示に関する法律と食品表示基準

8.1.1 食品表示法

食品に関する表示は，消費者が食品を摂取する際の安全性の確保や食品の選択の機会を確保するのに重要な役割を果たしている。消費者や事業者の双方にとってわかりやすい表示は，食品の生産・流通の円滑化や消費者の需要に即した食品生産の振興にも寄与する。しかし，従来の食品表示は食品衛生法，JAS法*ならびに健康増進法に基づく複数の基準で定められており，消費者にとっても食品関連事業者にとっても非常に複雑でわかりにくいものになっていた。これらの基準を整理・統合して新たに施行された食品表示法では，販売される食品に関する表示について基準の策定や必要事項を定めており，消費者や事業者の双方に整合性の取れた適正な表示を確保することを目的としている。

*JAS法　日本農林規格等に関する法律。

8.1.2 食品表示基準

食品を安全に摂取し，自主的かつ合理的に選択するために，食品表示基準が策定されている（食品表示法第4条）。食品表示基準では，食品の名称，アレルゲン，保存の方法，消費期限，原材料，添加物，栄養成分の量および熱量，原産地，その他食品関連事業者等が表示すべき事項についての基準が定められている。なお，食品表示基準は内閣総理大臣が策定するとなっているが，これに係る権限は消費者庁長官に委任されている。

8.1.3 食品表示基準の適用範囲（表示義務）

食品表示基準は，容器包装に入れられて販売される加工食品・生鮮食品に適用される。すなわち，食品関連事業者は食品表示基準に従った表示がされていない食品を販売してはならない（食品表示法第5条）。不特定の者や多数の者に無償で譲渡される加工食品・生鮮食品にも，食品表示基準が適用される。例えば，駅の利用者に食品の試供品を無償で配布する場合は，不特定または多数のものに譲渡することになるので，その試供品には食品表示基準に準じた表示がなければならない。他にも，バザーなどで袋や瓶に入れて販売する食品には，食品表示基準に準じた表示をしなければならない。ただし，以下

JAS法　／　食品衛生法　／　健康増進法
（農林水産省）　（厚生労働省）　（厚生労働省）

表示部分の整理・統合　　（58の基準を一元化）

食品表示法*（消費者庁）…食品表示について適正を確保
◇「食品表示基準」の遵守義務
◇「機能性表示制度」の創設

* 2015（平成27）年4月施行。

図 8.1　食品表示法の成立

に該当する場合は適用外となる。

■ 特定かつ少数の者に無償で譲渡する場合

「特定」や「少数」についての具体的な定義はないが，顔見知りの隣人に手作りクッキーを無償で譲渡する場合などが考えられる。

■ 設備を設けて飲食させる場合

レストランや食堂，喫茶店などの外食店で提供される食品がその場で飲食される場合は，食品表示基準は適用されない。飲食店が出前によって自宅等の飲食する場に届ける場合も適用外である。しかし，店内で単に販売する食品（その場で飲食しない食品）については食品表示基準が適用される。

■ 店内で製造・加工・販売される場合

消費者が，販売される食品について原材料等やアレルゲン，栄養成分等に関して，その場で販売者に問うことができ，その内容について説明を受けることができる場合が考えられる。

8.2 生鮮食品と加工食品の表示

8.2.1 食品の区分

食品表示基準では，食品を大きく加工食品，生鮮食品，添加物に区分しており，表示義務の範囲や表示方法も異なっている（図8.2）。

■ 生鮮食品は，収穫されたままの農畜水産物ならびにその食品の性質に実質的な変更をもたらさない工程しか受けていない食品をいう。例えば，生鮮食品を切断しただけのものであれば，人の手が加わったとしても生鮮食品であることには変わりがない。

　　　農産物……選別，水洗い，切断したもの等
　　　畜産物……切断，薄切り等，冷蔵・冷凍したもの（卵は殻付きに限る）
　　　水産物……切り身，刺身，冷蔵および冷凍したもの，生きたもの

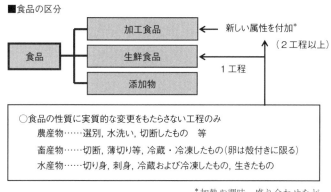

図 8.2　食品表示基準における食品の区分

- 加工食品は，生鮮食品に新しい属性（加熱，調味，盛り合わせなど）を付加した食品をいう。例えば，生鮮食品を加熱すると，その性質に実質的な変更がもたらされた（生ものではなくなる）ことから加工食品となる。
- 添加物は，いわゆる食品添加物である。

8.3　一般用加工品の原材料等の表示

　多くの加工食品が流通・販売されているが，どの食品にも共通に表示しなければならない項目（横断的義務表示事項）と，該当する特定の食品のみに必要な表示がある。ここでは，一般用加工品の表示を例に必要な表示項目について説明する（**図 8.3**）。

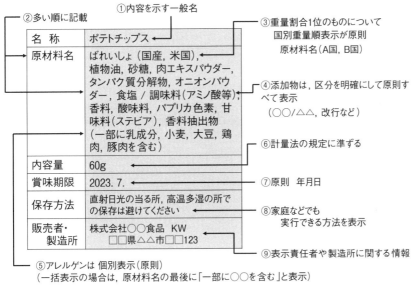

図 8.3　加工食品の食品原材料等の表示

8.3.1　共通表示事項（横断的義務表示事項）

① 名称

　商品名ではなく，その食品の内容を表す一般的な名称を示す。

② 原材料

　原則として，多い順にすべて表示しなければならない（ただし，使用重量が 5 % 未満のものは省略できる）。

③ 原料原産地

　原材料のうち重量割合 1 位のものの原産地表示が義務化されている。原産地表示も原則，使用量の多い原産地順（国別重量順表示）に記載しなければならない。加工食品の多くは複数の国から輸入した原材料を使用しているため，実際にはすべてを記載することができないことが多い（**表 8.1**）。表示対

表8.1　原料原産地の表示方法

表示のタイプ	表示の内容	表示の意味
A国, B国, その他 (国別重量順表示)	使用量の多い順に「,」でつないで表示する 3ヵ国目以上は「その他」と表示	どれも使用 (and)
A国又はB国 (又は表示)	2ヵ国以上の原材料を切り替えて使う	どれかを使用 (or)
輸入 (大括り表示)	3ヵ国以上の原材料が使用され, その重量順位が変動する	外国産を使用
輸入又は国産 (大括り+又は表示)	国産を含む4ヵ国以上の原材料が使用され, 切り替えて使用する	国産か外国産のどれかを使用
○○製造 (製造地表示)	原材料が加工食品の場合には, 製造地を表示する	原料の原産地ではない

例)「輸入, 国産」………輸入品>国産　(国産品を必ず使用している)
　　「輸入又は国産」……輸入品>国産　(国産品を使用しているとは限らない)

象の原材料が加工食品である場合は, 製造地表示をする。

④ 添加物

　添加物は, 原材料と区分を明確にして, 原則, 多い順に記載する。例えば, 原材料とは別に添加物の欄を設けるほか, 段落を変えたり, スラッシュ（/）で区分を分けたりしなければならない。流通している食品の多くは, 表示スペースの関係からスラッシュ（/）で区分されている。原則として, 添加物の物質名を表示するが, 物質名と用途名を併記しなければならないものや, 使用の目的に応じた一括名で表示できるものもある。

⑤ アレルゲン

　食品には, **アレルゲン***（アレルギーを引き起こす物質）を含むものがある。

*アレルゲン　多くは食品に含まれる特定のタンパク質分子であり, 痒みや発疹, じんましんなどの皮膚症状, 喘息のような気管支症状, ときにはアナフィラキシー・ショックのように重篤な症状を引き起こすことがある。

表8.2　食品衛生法第11条第1項の規定により保存方法の基準が定められているもの（抜粋）

品目	保存の条件					
	-15℃以下	4℃以下	8℃以下	10℃以下	冷蔵等	直射日光を避けて
清涼飲料水（規定に該当するもの）				○		
冷凍果実飲料	○					
非加熱食肉製品（規定に該当するもの）		○				
冷凍食肉（規定に該当するもの）	○					
鶏の液卵			○			
魚肉練り製品（規定に該当するもの）	○			○		
冷凍食品	○					
食肉				○		
生食用食肉		○				
鮮魚（切り身）				○		
生食用かき				○		
ゆでたこ				○		
冷凍ゆでがに	○					
豆腐					○	
即席めん類						○

食品アレルギー防止の観点から，アレルゲンを含む食品について特定原材料（表示義務）と特定原材料に準ずるもの（推奨表示）が指定されている。アレルゲンを含む食品の表示（アレルギー表示）は個別表示が原則である。しかし，加工食品では原材料の多くに同じ特定原材料を使用していることが多く，個別表示をすると繰り返し表示される原材料が多くなり消費者が混乱することが考えられる。個別表示がなじまない場合には，一括表示が認められている。アレルゲン表示は，以下のような様式と文言で表示しなければならない。

　　個別表示：原材料名（○○を含む），添加物名（○○由来）

　　一括表示：原材料名の最後に「一部に○○・○○……を含む」

⑥　内容量

　計量法の規定に準じて表示をしなければならない。

⑦　期限表示

　期限表示は，消費期限あるいは賞味期限のいずれかを表示しなければならない（**図 8.4**）。

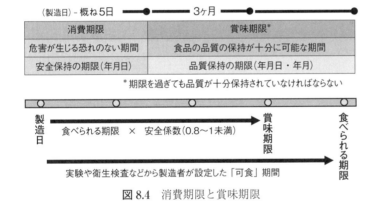

図 8.4　消費期限と賞味期限

⑧　保存方法

　食品の保存方法が指定された条件であることが前提となっている。例えば，牛乳の賞味（消費）期限は 10℃以下で保存され，かつ開封前のものに対する期限である。室温で保存されたり，開封されたりしたものには適用されないことに注意する必要がある。保存方法は，食品の特性に応じて，具体的に消費者にわかりやすい用語を用いて，流通や家庭において実行できる保存方法を表示しなければならない。食品衛生法の規定で保存方法の基準が定められているものについては，その基準にしたがって表示しなければならない（**表 8.3**）。

⑨　表示責任者や製造所の情報

　食品関連事業者のうち表示内容に責任を有する者（表示責任者）について，氏名（会社名）と住所を記載しなければならない。合わせて，製造者等の所

表 8.3　添加物の用途名併記と一括名表記

表示の種類	添加物
用途名併記が必要*1	保存料，防カビ剤（防ばい剤），酸化防止剤，甘味料，漂白剤，発色剤，着色料，増粘剤（安定剤・ゲル化剤・糊料）
一括名表記ができる	イーストフード，ガムベース，香料，酸味料，調味料，豆腐用凝固剤，乳化剤，pH調整剤，かんすい，膨張剤，苦味料，光沢剤，軟化剤，酵素
表示が省略できる	加工補助剤（最終食品には残存していない） キャリーオーバー*2（原材料に用いたが，最終食品では効果を発揮しない） 栄養強化剤*3（栄養素を栄養強化目的で添加する）
省略不可	アレルゲンを含む添加物

*1：用途名併記が必要な添加物のうち，物質名で用途がわかるものは物質名だけでよい。
　　表示例）用途名不要：カロテノイド色素　　用途名必要：β-カロテン（着色料）
*2：最終食品に添加物を含む原材料が原型のまま存在する場合や，着色料，甘味料等のように添加物の効果
　　が視覚や味覚等の五感に感知できる場合は，キャリーオーバーにならない。
*3：栄養素であっても，栄養強化剤以外の用途で使用する場合は表示を省略できない。
　　表示例）アスコルビン酸を栄養強化剤として添加する：省略可
　　　　　　アスコルビン酸を酸化防止剤として添加する：アスコルビン酸（酸化防止剤）

在地と氏名（会社名）も表示する（表示責任者と製造者等が同一の場合は，製造者等を省略できる）。これらの記載は，表示について消費者が問い合わせ等をできるようにするためである。

⑩　表示の省略

　容器包装の表示可能面積がおおむね 30 cm^2 以下の場合は，原材料，原料原産地，添加物，内容量，栄養成分等，原産国，製造所等の情報，遺伝子組換え食品の表示を省略できる。ただし，安全性に関係するアレルゲン，期限表示，保存方法は省略できない。

8.3.2　添加物の用途名併記と一括名表示

　使用目的や効果について消費者の関心が高く，用途名を表示したほうが消費者の理解を得やすい添加物（8種類）については物質名と用途名を併記しなければならない（表8.4）。なお，物質名だけで用途がわかる場合（カロテノイド色素など）は物質名だけでよい。

　複数の成分を配合したりすることで効果を発揮する添加物や食品に常在し

表 8.4　特定原材料*1 および特定原材料に準ずる原材料*2

特定原材料（必ず表示する 8 品目）
えび，かに，くるみ*3，小麦，そば，卵，乳，落花生
特定原材料に準ずるもの（可能な限り表示する 20 品目）
種実類：アーモンド，カシューナッツ，ごま
果実類：オレンジ，キウイフルーツ，バナナ，もも，りんご
肉　類：牛肉，鶏肉，豚肉，ゼラチン
魚介類：あわび，いか，いくら，さけ，さば
その他：大豆，まつたけ，やまいも

*1：特に発症数，重篤度から勘案して表示する必要性の高いもの。
*2：症例数や重篤な症状を呈する者の数が継続して相当数みられるが，特定原材料に比べると少ないもの。
*3：くるみは，経過措置を経て 2025 年 4 月から表示が義務化される。
出所）水品善之・菊﨑泰枝・小西洋太郎編：栄養科学イラストレイテッド食品学Ⅰ，羊土社（2021）をもとに
　　　して筆者作表

ている成分を用いる添加物は，一括名で表示してもよい。例えば，香料は多くの物質を微量で配合したものである。調味料は，食品に常在しているアミノ酸などを組み合わせている。

　食品加工中に添加しても最終食品に残存していない添加物（加工補助剤）や，原材料に使用された添加物であり最終食品には残存量が少なく効果を発揮しない添加物（キャリーオーバー）は表示を省略してよい。また，栄養強化目的で使用される添加物も表示を省略できる。

8.3.3　特定原材料

　食品アレルギー防止の観点から，特に発症数，重篤度から勘案して表示する必要性の高いものを特定原材料として，えび，かに，小麦，そば，卵，乳，落花生，くるみの8品目が指定されている。また，症例数や重篤な症状を呈する者の数が継続して相当数みられるが，特定原材料に比べると少ないものを特定原材料に準ずるものとして20品目が指定されている（**表8.5**）。

　えび と かに　流通しているほとんどのものが対象である。なお，しゃこ類，あみ類，おきあみ類は対象外である。

　小麦　小麦や小麦粉としてさまざまな加工品に原材料として使用されているが，販売される食品では見た目だけでは含まれていることがわからないことが多い。小麦アレルギーは重篤な症状となることがあり，しかも患者数も多い。小麦アレルギーのアレルゲンはグルテンであることが多く，グルテンを形成しない大麦やライ麦，オーツ麦などは対象外である。

　そば　ごく微量のそばが混入しただけでもアナフィラキシーなどの重篤なアレルギー症状を引き起こし，死亡事例もある。それゆえ，そばやそば粉を原材料として用いている食品では正確な表示が必要である。

表8.5　アレルギー表示の代替表記と拡大表記

特定原材料	代替表記	拡大表記[*1]（例）
えび	海老, エビ	えび天ぷら, サクラエビ
かに	蟹, カニ	上海がに, カニシューマイ, マツバガニ
くるみ	クルミ	
小麦	こむぎ, コムギ	小麦粉, こむぎ胚芽
そば	ソバ	そばがき, そば粉
卵[*2]	玉子, たまご, タマゴ, エッグ 鶏卵, あひる卵, うずら卵	厚焼き卵, ハムエッグ
乳[*3]	ミルク, バター, バターオイル, チーズ, アイスクリーム	アイスミルク, ガーリックバター, 乳糖, プロセスチーズ, 乳たんぱく, 生乳, 牛乳, 濃縮乳, 加糖れん乳, 調整粉乳
落花生	ピーナッツ	ピーナッツバター, ピーナッツクリーム

＊1：食品名に特定原材料が含まれていることが理解できるもの。
＊2：卵：カメの卵や魚卵は対象外。
＊3：乳および乳製品については，「乳及び乳製品の成分規格等に関する省令」で該当する食品が定義されている。

卵　食用にされているものは鶏卵が多いが，他の鳥類の卵との交差反応が認められるので，あひる卵やうずら卵など，一般に食用とされる鳥卵は対象となっている。海亀の卵や魚卵などはアレルゲンとはならないことから，表示義務の対象外となっている。

乳*1　牛の乳より調整・製造された食品すべて（乳・乳製品）が対象となり，ヤギの乳などの牛以外の乳は特定原材料等の表示の対象外となっている。

落花生　ピーナッツのことであり，その加工食品であるピーナッツバターやピーナッツオイルも対象になっている。

くるみ　消費者庁による全国規模の調査結果*2から，くるみによるアレルギーが増加していることが明らかになり，特定原材料に指定された。

(1) 代替表記と拡大表記

特定原材料等の表示とは表記が異なるが，特定原材料等と同一と理解できる表記を代替表記という。例えば，食品表示基準での特定原材料としての表示は『えび』であるが，「海老」や「エビ」は代替表記となる（**表8.5**）。

食品の名称に特定原材料としての表記やその代替表記を含んでおり，その特定原材料を用いた食品であることが理解できる表記を「拡大表記」という。例えば，「海老天ぷら」は『えび』を用いていることが理解できるので拡大表記となる（**表8.5**）。ただし，拡大表記については例外もある。「卵白」と「卵黄」については，特定原材料の表記である「卵」を含んでいるが，拡大表記とはみなされない。卵アレルギーの場合は卵白にアレルギーを持つ人もおれば卵黄にアレルギーを持つ人もおり，一方で卵白と卵黄を完全に分離することができないためである。それゆえ，事故防止の観点から（卵を含む）の表記を省略することはできず，「卵白（卵を含む）」あるいは「卵黄（卵を含む）」と表記しなければならない。

(2) アレルゲンの表示は省略できない

アレルゲンの表示は，食品の安全性を保持するためには最優先すべき事項であり，特定原材料等の表示は省略できない。添加物における加工補助剤やキャリーオーバーに該当する場合であっても，特定原材料等については表示を省略できない。

例外的に，特定原材料であっても食品に含まれるアレルゲンの量が数μg/g（mL）未満ときわめてわずかであり，抗原性が認められない場合は表示を省略することができる。また，アルコール飲料の場合は製造過程で特定原材料を使用していても表示は不要である。

(3) 食物アレルギーの現状

消費者庁による全国規模の調査では，食物を摂取後60分以内に何らかの反応を認め，医療機関を受診した6,080例（即時型食物アレルギー）において，

*1 乳　省令に定義されている。「乳及び乳製品の成分規格等に関する省令」（昭和26年厚生省令第52号。以下「乳等省令」という）。

*2 令和3年度食物アレルギーに関連する食品表示に関する調査研究事業報告書。

鶏卵，牛乳，木の実類，小麦，落花生の5品目で80.4%を占めていた。木の実類では，くるみが最も多く全体に対しても7.6%であった。近年，くるみやカシューナッツによる木の実類の増加が顕著であり注意を要する。特定原材料7品目と**特定原材料等21品目**[*1]を含めると93.4%を占めている。表示ミスによる誤飲事故は全体の7%であったが，そのうち特定原材料だけで全体の約85%を占めている。このような現状を踏まえると，特定原材料等の表示は食物アレルギー発症防止に重要な役割をもつと期待される。

(4) 食品に含まれるアレルゲンの分析方法

食品にアレルゲンが含まれるか否かを判定するには，信頼できる分析方法でアレルゲンを同定し定量しなければならない。一般的には，抗原抗体反応を利用したELISA法（目的の抗原に結合する抗体を用いた免疫学的測定法。ELISAはEnzyme-Linked Immuno-Sorbent Assayの略）が用いられる。食品採取重量1g当たりの特定原材料等由来のたんぱく質含量が10 μg以上の試料については，微量を超える特定原材料が混入している可能性があるものと判断する。（ただし，えびとかには区別できないので，甲殻類としてまとめて検出される。）定性検査法には，ウエスタンブロット法やPCR法がある。一般に，卵，乳についてはウエスタンブロット法が用いられ，小麦，そば，えび，かに，落花生についてはPCR法（ポリメラーゼ連鎖反応により目的のDNAを増幅して検出する方法。PCRはPolymerase Chain Reactionの略）が用いられる。

8.3.4　期限表示

期限の設定にあたっては，販売者（表示責任者）が食品の特性，品質変化，衛生状態，保存方法等について，理化学試験や微生物試験などの衛生検査や官能検査などを行い，科学的かつ合理的な可食期間を設定する[*2]。理化学試験における一般的な指標には，粘度，濁度，比重，過酸化物価，酸価，pH，酸度，栄養成分，糖度等がある。微生物試験では，一般生菌数，大腸菌群数，大腸菌数，低温細菌残存の有無，芽胞菌の残存の有無等が指標として用いられている。官能検査では，人の視覚・味覚・嗅覚などの感覚により一定の条件下で風味や色調などの性質を評価する。

(1) 消費期限

消費期限は，品質が急速に劣化しやすい食品について設定される。これは，定められた方法で保存した場合に危害が生じる恐れのない期間，すなわち安全性保持の期限であり，年月日で表示しなければならない。消費期限を過ぎた場合，衛生上の危害が発生するおそれがあるので，消費期限を過ぎた食品等の販売は許されない。消費者においても，消費期限を過ぎた食品の摂食は避けるべきである。

*1 **特定原材料等21品目**　この報告の時点ではくるみは特定原材料に指定されていなかったため。

*2 **期限表示**　期限を客観的に設定するためのガイドラインがある。（「食品期限表示の設定のためのガイドライン」（平成17年2月厚生労働省，農林水産省）。

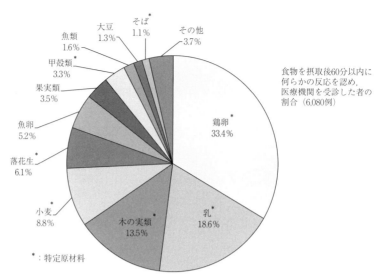

図8.5　食物アレルギーの現状

(2) 賞味期限

　賞味期限は食品の品質の保持が十分に可能な期間，すなわち品質保持の期限であり年月日表示が原則であるが，賞味期限が3カ月以上ある場合は年月表示も認められている。

　賞味期限を超えた場合でも，その食品の品質が保持されていなければならないことから，賞味期限は可食期間よりも短く設定される。消費者庁では，一定の安全性の確保と食品資源の有効活用の観点から安全係数を 0.8～1 未満として賞味期限を設定することを推奨している。

$$可食期間 \times 安全係数（0.8～1 未満）$$

　賞味期限を超過した食品を摂取した場合においても，必ずしも衛生上の危害が生じるわけではない。それぞれの食品が食べられるかどうかについては，その見た目や臭い等により，五感で個別に食べられるかどうかを判断することも重要である。賞味期限を過ぎたとしてもすぐに捨てるのではなく，食品の無駄な廃棄を減らすことも考えなければならない。保存期間中に品質が変化しないような食塩，砂糖，チューインガム，冷菓，アイスクリームなどは，期限表示の適用外となっている。

(3) 月の前倒し表示

　年月表示の場合は，月の前倒し表示が適用される。例えば，設定した賞味期限が「2023年8月8日」の場合，期限を「2023.8」と年月表示すると消費者は期限が過ぎた「8.31」までと誤認する可能性がある。これを防ぐために，「年月」表示の賞味期限については月を前倒しし「2023.7」と表示する。このように表示すると，消費者は期限を最長で「7.31」までと見なすので設定

された期限を超えることはない。

(4) アスパルテームを含む食品

アスパルテームは，L-フェニルアラニン化合物の人工甘味料である。フェニルケトン尿症（フェニルアラニン代謝異常症）の患児は，フェニルアラニンの摂取を制限する必要があることから「L-フェニルアラニン化合物を含む」との表示が必要である。

8.4　一般生鮮食品の表示

8.4.1　共通表示事項

容器包装に入れられた生鮮食品については，容器包装を開かなくても容易に確認できるように，容器包装の見やすい部分に定められた表示をしなければならない（**表8.6**）。また，バラ売りなどの容器包装に入れられていない生鮮食品では，その食品の近くまたは見やすい位置に表示しなければならない。

① 名　称　一般的な名称を表示する

② 原産地　国産品は，都道府県名を表示するが，有名産地などは市町村名や地域名での表示，水産物では海域（瀬戸内海産など）での表示もできる。輸入品は，原産国を表示する（有名地域でも可）。また，複数の産地のものを混合した場合は重量割合順に表示する。畜産品では，国内における飼養期間と国外における飼養期間によって長いほうが原産地となる。

③ 内容量　計量法の規定に準じる。

④ 表示責任者や製造所の情報　一般加工食品と同様。

8.4.2　農産物の表示

食品への放射線照射は，じゃがいもの発芽阻止目的でコバルト60（^{60}Co）のγ照射（線）（吸収線量150 gy以下）が認められている。放射線照射されたじゃがいもは，放射線照射されたものであること，ならびに照射した年月日を表示しなければならない。

遺伝子組換え作物（**8.5.1**）は，対象となる9作物について分別生産流通管理に関する事項を表示しなければならない。

防ばい剤または防かび剤を使用した作物には，その旨を表示しなければならない。

8.4.3　畜産物の表示

微生物汚染が内部にまで拡大する恐れがある処理を行った食肉には，「飲食に供する際にその全体について十分な加熱を要する旨」を表示しなければならない。消費者に販売される生食用牛肉（ユッケ，タルタルステーキ，牛刺し，牛タタキなど）は食品衛生法で定められた規格基準に準じたものでなければなら

表8.6　一般用生鮮食品の表示（抜粋）

共通	・名称 ・原産地 ・アレルゲン（該当する食品のみ） ・内容量 ・食品関連事業者等の氏名・住所
農産物	・放射線を照射した食品（該当する食品のみ） ・遺伝子組換え農産物に関する事項（該当する作物のみ） ・期限表示（省略可） ・保存方法（省略可） ・栽培方法（しいたけに限る）
畜産物	・生食用（牛肉のみ） ・期限表示（省略可） ・保存方法（省略可） ・その他
水産物	・解凍した旨 ・養殖された旨 ・期限表示 ・基準に合った保存方法 ・その他

ない。食品表示基準では，容器包装に入れないで生食用牛肉を販売する場合は，店舗（飲食店等）の見やすい場所*1 に次の①および②を表示することを義務付けている（第 40 条）。

① 一般的に食肉の生食は食中毒のリスクがある旨

② 子供，高齢者その他食中毒に対する抵抗力の弱い者は食肉の生食を控えるべき旨*2

鶏の殻付き卵（生食用）の賞味期限は，常温保存期間（流通，小売）と冷蔵保存期間 7 日間（家庭）を合わせた期間として設定されている。また，賞味期限を経過した後は飲食に供する際に加熱殺菌を要する旨を表示しなければならない。

*1 表示場所　消費者が注文する時に目で確認できる場所に，見やすい大きさや色で表示する。

*2 注意喚起　「子供」，「高齢者」，「その他食中毒に対する抵抗力の弱い者」を示す 3 つの言葉を全て記載して注意喚起をしなければならない。

8.4.4　水産物の表示

養殖されたものには「養殖されたものである旨」を，凍結させたものを解凍したものには「解凍した旨」を表示しなければならない。また，切り身やむき身にした魚介類の生食用のものには「生食用である旨」，冷凍したものには「生食であるかないかの別」を表示しなければならない。

8.5　遺伝子組換え食品

8.5.1　遺伝子組換え農産物と遺伝子組換え食品

生物の細胞から有用な性質をもつ遺伝子を取り出し，植物などの細胞の遺伝子に組み込むことによって新しい性質をもたせる技術を遺伝子組換え技術といい，この技術を利用して新しい性質をもたせた作物やそれを原材料に用いた食品を遺伝子組換え食品という。遺伝子組換え作物の栽培や食品原料としての流通等での使用は**カルタヘナ法***3 による規制対象であり，日本国内では遺伝子組換え作物の商業栽培は行われていない。海外からは除草剤に対する耐性をもたせた作物や害虫に強い性質をもたせた作物が加工用や飼料用などに輸入されている。遺伝子組換え食品は，食品安全委員会による安全性評価（食品健康影響評価）を受けることが食品衛生法によって義務づけられており，安全性に問題がないと評価された食品だけが国内で流通できる。

　生鮮食品として遺伝子組換え農産物 9 作物とそれらを原料にした遺伝子組換え食品として 33 食品群が流通している（**表 8.7**）。

*3 カルタヘナ法　遺伝子組換え生物等が野生動植物等へ影響を与えないよう管理するための法律。国際的に協力して生物の多様性の確保を図るために遺伝子組換え生物等の使用等を規制している。

表 8.7　販売・流通が認められている遺伝子組換え作物

対象作物	おもな性質	用途
大豆*	特定の除草剤で枯れない 特定の成分を多く含む	飼料用，製油用，食品用
とうもろこし	害虫に強い 特定の除草剤で枯れない	飼料用，スターチ用，グリッツ用　その他
ばれいしょ	害虫に強い ウィルス病に強い	食品用
菜種	特定の除草剤で枯れない	製油用
綿実	害虫に強い 特定の除草剤で枯れない	製油用
アルファルファ	特定の除草剤で枯れない	食品用
てん菜	特定の除草剤で枯れない	食品用
パパイヤ	ウィルス病に強い	食品用
からしな	特定の除草剤で枯れない	製油用

*枝豆および大豆もやしを含む。
出所）厚生労働省（2022 年 4 月現在）より

8.5.2　分別生産流通管理と表示

遺伝子組換え農産物および非遺伝子組換え農産物を生産，流通および加工の各段階で管理者が注意をもって分別管理することを分別生産流通管理という。分別生産流通管理されている遺伝子組換え農産物やそれを原料とする加工食品は「遺伝子組換え」等の表示義務があり，生産，流通および加工のいずれかの段階で遺伝子組換え農産物と非遺伝子組換え農産物が分別管理されていない場合は「遺伝子組換え不分別」の表示義務がある。分別生産流通管理が適切に行われた場合でも，遺伝子組換え農産物の一定の混入は避けられない。そこで，意図せざる混入を5%以下に抑えている大豆およびとうもろこし，それらを原料とする加工品については，「適切に分別生産管理された旨」の表示が認められている。なお，分別生産流通管理が行われていない場合や意図的に混入した場合は，5%以下の混入であっても分別生産流通管理をしたことにはならない。一方，分別生産流通管理され遺伝子組換え農産物が混入していないことが認められる作物には，任意で「遺伝子組換えでない」等の表示ができる（**表8.8**）。ただし，遺伝子組換え農産物が存在しない農産物（米や小麦など）については，「遺伝子組換えでない」などの表示はできない。その農産物に遺伝子が組み換えられたものが存在すると誤解させる可能性や，優良誤認を招く可能性があるからである。

独立行政法人農林水産消費安全技術センターは，組み換えられたDNAやそのDNAによって生じたタンパク質が残存しているかどうかを分析すること等により，遺伝子組換えに関する表示が適正に行われているかどうかを監視している。

8.5.3　任意表示

食用油やしょうゆなど，組み換えられたDNAおよびこれによって生じたタンパク質が加工工程で除去・分解され，その検出が不可能とされている加工食品については，遺伝子組換えに関する表示義務はない（**表8.9**）。これは，

表8.8　遺伝子組換え食品の表示

表示の種類	対象農作物および対象食品
「遺伝子組換え」	分別生産流通管理が行われている遺伝子組換え食品（表示義務）
「遺伝子組換え不分別」	遺伝子組換え食品と非遺伝子組換え食品の分別生産流通管理が行われていない（表示義務）
「適切に分別生産流通管理された」	分別生産流通管理をして，意図せざる混入を5%以下に抑えている大豆及びとうもろこし並びにそれらを原材料とする加工食品（任意表示）
「遺伝子組換えでない」	分別生産流通管理をして，遺伝子組換えの混入がないと認められる大豆及びとうもろこし並びにそれらを原材料とする加工食品（任意表示）

※加工食品については，主原材料でない場合*は，表示を省略できる。
※大豆及びとうもろこし以外の対象農産物については，意図せざる混入率の定めはない。
※遺伝子組換えの混入がないことが確認される場合のみ，「遺伝子組換えでない」の表示が可能。
※遺伝子組換え農産物が存在しない農産物（米や小麦など）については，「遺伝子組換えでない」などの表示はできない。
*重量割合が上位3位以下で，かつ原材料に占める重量割合が5%未満のもの。

表8.9　遺伝子組換えの表示対象農産物と加工食品表示例

対象農産物	表示が必要	表示は不要*
大豆	豆腐，納豆，味噌ほか	しょうゆ#，大豆油#
とうもろこし	コーンスナック菓子 コーンスターチほか	コーンフレーク，コーン油
ばれいしょ	ポテトスナック菓子 ばれいしょ澱粉ほか	
菜種		菜種油
綿実		綿実油
アルファルファ	主原料であるもの	
てん菜	調理用てん菜が主原料	砂糖
パパイヤ		
からしな		食用油

＊製造過程で組み込まれた遺伝子やその遺伝子がつくる新たなタンパク質が技術的に検出できない場合（除去，分解）には，表示義務はない。
＃組換えDNAや生成したタンパク質が除去，分解されているが，高オレイン酸遺伝子組換え大豆が原材料の場合は表示が必要。

表8.10　特定遺伝子組換え食品の表示

表示の種類	特定遺伝子組換え農産物および対象食品
「○○遺伝子組換え」	特定分別生産流通管理が行われた特定遺伝子組換え農産物とそれを原料とする加工食品（表示義務）
「○○遺伝子組換えのものを混合」	特定遺伝子組換え農産物と非特定遺伝子組換え農産物が混合された農産物を原料とする加工食品（表示義務）

※製造過程で組み込まれた遺伝子やその遺伝子がつくる新たなタンパク質が技術的に検出できない場合（除去，分解）でも，表示義務がある。
※加工食品については，主原料でない場合*は，表示を省略できる。
＊重量割合が上位3位以下で，かつ原材料に占める重量割合が5％未満のもの。

表8.11　栄養成分表示（一般用）

対象となる栄養成分等*1	加工食品	生鮮食品	添加物
熱量（エネルギー） たんぱく質 脂質 炭水化物 食塩相当量	義務	任意	義務
飽和脂肪酸 食物繊維	推奨	任意	任意
糖類*2，糖質 n-3系脂肪酸 n-6系脂肪酸 コレステロール ビタミン類*3 ミネラル類*4	任意	任意	任意

＊1：食品表示基準別表第9に記載のもの（ナトリウムを除く）。
＊2：糖アルコールは除く。
＊3：ビタミンは全13種類。
＊4：ミネラル類は，亜鉛，カリウム，カルシウム，クロム，セレン，鉄，銅，マグネシウム，マンガン，モリブデン，ヨウ素，リン。
出所）消費者庁：食品表示法に基づく栄養成分表ガイドライン第4版，2022（令和4年）をもとに筆者作成

非遺伝子組換え農産物からつくられたものと品質においての差異はないからである。また，遺伝子組換え農産物が主な原材料（原材料の上位3位以内で，かつ，全重量の5％以上を占める）ではない場合も表示義務はない。

8.5.4　特定遺伝子組換え食品の表示

　組換え遺伝子技術を用いて，従来の農産物と組成や栄養価等が著しく異なる農産物3作物（ステアリドン酸産生大豆，高リシン産生とうもろこしおよびEPA，DHA産生なたね）が流通している。これらの作物やそれを原料とする食品は，特定遺伝子組換え食品という。特定遺伝子組換え食品では，製造過程で組み込まれた遺伝子やその遺伝子がつくる新たなタンパク質が技術的に検出できない場合（除去，分解）でも，表示義務がある（表8.10）。例えば，組み換えられたDNAやタンパク質が検出不可能であっても，ステアリドン酸等を分析することで品質上の差を把握することができるためである。ステアリドン酸遺伝子組換え大豆を原材料とした大豆油の場合は，「大豆（ステアリドン酸遺伝子組換え）」と表示する。

8.6　栄養成分表示
8.6.1　栄養成分表示の義務表示

　一般用の加工食品と添加物については，消費者の日々の栄養・食生活管理によって健康増進に寄与することを目的として，熱量および栄養成分（たんぱく質，脂質，炭水化物，食塩相当量）量を表示（栄養成分表示）しなければならない（表8.11）。生鮮食品や業務用加工食品での栄養成分表示は任意である。栄養成分を表示する場合は，食品表示基準の規定に準じなければならない

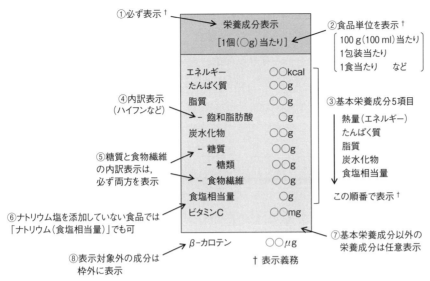

① 必ず表示†

② 食品単位を表示†
100 g（100 ml）当たり
1包装当たり
1食当たり　　など

④ 内訳表示
（ハイフンなど）

栄養成分表示
[1個（○g）当たり]

エネルギー　　　○○kcal
たんぱく質　　　○○g
脂質　　　　　　○○g
－ 飽和脂肪酸　○g
炭水化物　　　　○○g
－ 糖質　　　　○○g
－ 糖類　　　○○g
－ 食物繊維　　○○g
食塩相当量　　　○g
ビタミンC　　　○○mg

③ 基本栄養成分5項目
熱量（エネルギー）
たんぱく質
脂質
炭水化物
食塩相当量

この順番で表示†

⑤ 糖質と食物繊維
の内訳表示は，
必ず両方を表示

⑥ ナトリウム塩を添加していない食品では
「ナトリウム（食塩相当量）」でも可

⑦ 基本栄養成分以外の
栄養成分は任意表示

⑧ 表示対象外の成分は
枠外に表示

β-カロテン　　　○○μg

† 表示義務

出所）消費者庁：食品表示基準別記様式3をもとに筆者作成

図 8.6　栄養成分表示の表示方法*

*栄養成分表示　食品表示基準
別記様式2または様式3により表
示しなければならない。図 8.6 は
様式3による表示である。

（図 8.6）。

① 栄養成分表示の文字　必ず「栄養成分表示」のタイトルを表示しなければならない。

② 食品単位　重量（容量）当たり，1包装，1食分（1食分の量を併記），その他の1単位などのいずれかを表示する。

③ 表示順　熱量（エネルギー），たんぱく質，脂質，炭水化物，食塩相当量の順に表記する。この順を変更することはできない。

④ 内訳表示　脂質や炭水化物については，飽和脂肪酸の量あるいは食物繊維の量を表示することが推奨されている。これらを表示する際は，内訳表示であることを明確にする。脂質については，n-3 系脂肪酸の量と n-6 系脂肪酸の量も内訳表示できる。

⑤ 炭水化物の内訳表示　糖質または食物繊維量のいずれかを表示する場合でも，両方を表示しなければならない。また，糖質の内訳表示として糖類（単糖と二糖類）を表示できる。

⑥ 「ナトリウム（食塩相当量）」の表示　ナトリウム塩を添加していない食品については，「食塩相当量」に代えて「ナトリウム（食塩相当量）」と表示できる。

⑦ 基本栄養成分以外の栄養成分（任意表示）を表示する場合は，食塩相当量の下に続いて表示する。

⑧ 表示対象外の成分を表示する場合は枠外に表示する。

8.6.2　栄養強調表示

　栄養成分の量や熱量について強調表示をする場合には，栄養素等表示基準値（食品表示基準別表第12，第13）の条件を満たす必要がある。この基準値は，欠乏や過剰摂取が国民の健康の保持増進に影響を与えている栄養素や熱量について定められている。栄養強調表示には，相対表示と絶対表示がある。相対表示は強調したい栄養成分の量が基準値以上（または未満）で他の食品と比べて「多い」あるいは「少ない」ことを示すものであり，表示にあたっては比較対象食品を明示しなければならない。また，強調した栄養成分の量が一般流通品のそれと比べて量が大差ない場合は栄養強調表示をすることができない。絶対差の強調表示は補給ができる（多い）あるいは適切な摂取ができる（少ない）ことを示すものである。また，糖類やナトリウム塩については，添加していないことを示す無添加強調表示もある。

「強化された」ことを示す表示

| 「○○強化」，「○○g増量」，「○○％アップ」　など |

（たんぱく質および食物繊維）

「低減された」ことを示す表示

| 「○○減」，「○○％オフ」，「○○％カット」　など |

（熱量，脂質，飽和脂肪酸，コレステロール，糖類，ナトリウム）

※「増加量」あるいは「減少量」が基準値以上で，25％以上の相対差がある場合のみ。
※比較対象食品を明示する。　例）当社○○比

図 8.7　栄養強調表示（相対差）

表 8.12　栄養強調表示（絶対差）

分類	栄養成分	具体的な表示例
補給ができる （基準値以上）	高い	「高○○」，「○○が多い」，「○○が豊富」
	含む	「○○源」，「○○含有」，「○○入り」，「○○使用」，「○○添加」
適切な摂取ができる （基準値未満）	含まない	「無○○」，「○○ゼロ」，「ノン○○」，「○○フリー」
	低い	「微○」，「低○○」，「○○ひかえめ」，「○○ライト」，「ダイエット○○」

※基準値は欠乏や過剰摂取が国民の健康の保持増進に影響を与えている栄養素について決められている。
※「高い旨」および「含む旨」は基準値以上であること。
※「含まない旨」は基準値未満，「低い旨」は基準値以下であること。
出所）消費者庁：食品表示基準別表第12，第13をもとに筆者作成

8.7　健康や栄養に関する表示制度

　国民の健康意識の高まりに伴い，栄養補助食品，健康補助食品，サプリメントなど，多種多様のいわゆる「健康食品」が流通している。このような状況のなかで，消費者自らが，食品の特性を理解し，正しい判断により食品を選択し，適切な摂取に努めることができるようにするためには，食品に対す

表8.13　栄養素等表示基準値（抜粋）

（　）内の数字：飲料100 mlあたり

栄養成分名	高い旨	含む旨・強化された旨
たんぱく質	16.2 g（8.1 g）	8.1 g（4.1 g）
食物繊維	6 g（1.5 g）	3 g（1.5 g）
カルシウム	204 mg（102 mg）	102 mg（51 mg）
ビタミンC	30 mg（15 mg）	15 mg（7.5 mg）

栄養成分名	含まない旨	低い旨・低減された旨
エネルギー	5 kcal	40 kcal（20 kcal）
脂質	0.5 g	3 g（1.5 g）
飽和脂肪酸	0.1 g	1.5 g（0.75 g）
コレステロール*	5 mg かつ飽和脂肪酸含有量*1.5 g かつ飽和脂肪酸エネルギー量10%	20 mg（10 mg） かつ飽和脂肪酸含有量*1.5 g かつ飽和脂肪酸エネルギー量10%
糖類	0.5 g	5 g（2.5 g）
ナトリウム	5 mg	120 mg（120 mg）

＊1食分の量を15 g以下と表示するものであって，当該食品中の脂肪酸の量のうち飽和脂肪の含有割合が15％以下で構成されているものを除く。

出所）消費者庁：食品表示基準別表第12，第13をもとに筆者作成

る一定の規格や基準を設けて，適切な情報提供をすることが重要である。この目的に沿って特別用途食品や保健機能食品が創設されている（**図8.8**）。特定保健用食品と機能性表示食品，栄養機能食品の3つを総称して保健機能食品という。いずれの食品も，表示するにあたっては食品表示基準が適用される（**図8.8**）。

8.7.1　特別用途食品

特別用途食品は，乳児や幼児の発育，妊産婦や授乳婦，嚥下困難者，病者などの健康の保持・回復に適するという特別の用途について表示する食品をいう。加えて，その摂取により特定の保健の目的が期待できる旨の表示をする食品（**特定保健用食品***）も特別用途食品に含まれる。これらの食品を販売するにあたっては，健康増進法に基づき消費者庁長官の許可を受けなければならない。特別用途食品は大きく，病者用食品，妊産婦・授乳婦用粉乳，乳児用調製乳，えん下困難者用食品，特定保健用食品に区分されており，さらに規格や要件によって細分されている（**図8.9**）。

8.7.2　特定保健用食品

特定保健用食品は，からだの生理学的機能などに効果を有する保健効能成分（関与成分）を含み，その摂取により特定の保健の目的が期待できる旨の表示（保健の用途）をする食品をいう。表示の許可にあたっては，原則として食品ごとに有効性の要件と安全性の要件について科学的根拠を示し，国の審査を受け，消費者庁長官の許可を受けなければならない（**図8.8**）。特定保健用食品では疾病予防や治癒に関する表示は認められていないが，カルシウ

＊**特定保健用食品**　「健康増進法に規定する特別用途表示の許可に関する内閣府令」において第2条第5項に定義されている。
　健康増進法第43条では「内閣総理大臣の許可を受けなければならない」とあるが，第69条第3項で内閣総理大臣の権限は消費者庁長官に委任されているので，特別用途表示の許可は消費者庁長官が行うことになる。

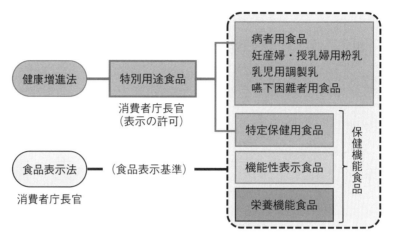

図 8.8　食品表示における健康増進法と食品表示法の位置づけ

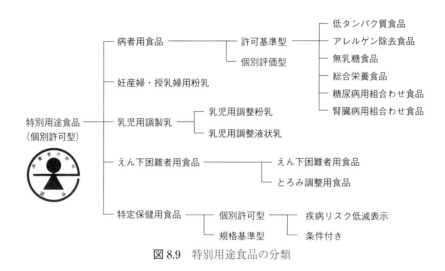

図 8.9　特別用途食品の分類

ムと葉酸を関与成分とするものについては特定の疾病リスク低減効果が医学的・栄養学的に確立されているとして，その疾病リスク低減効果が期待できる旨の表示（疾病リスク低減表示）が許可されている。また，既に多くの許可実績があり健康被害等も報告されていない関与成分を含み，その摂取により既存の保健の用途を表示しようとする食品については個別審査が不要であり，規格基準との適合性のみが審査される（規格基準型）。その他，有効性が限定的な科学的根拠に基づくものであることを条件として許可を受ける条件付き特定保健用食品もある。

8.7.3　機能性表示食品

　機能性表示食品は，事業者の責任において食品に含まれる関与成分による保健の用途を表示できる。国による審査は不要であるが，販売の 60 日前までに国（消費者庁長官）に届け出なければならない（**表8.14**）。関与成分の機

表 8.14 保健機能食品および一般食品の機能性表示

	治療予防効果	保健の効果	栄養素の機能	国の審査	許可・届出
特定保健用食品*2	×	○*1	×	あり	許可 （消費者庁長官）
機能性表示食品*2	×	○*3	×	なし	届出 （事業者の責任）
栄養機能食品	×	×	○*4	なし	不要
一般食品 （健康食品を含む）	×	×	×	なし	不要

＊1：許可された特定の保健の目的が期待できる旨のみ。
＊2：表示可能面積が 30 cm² 以下であっても原材料等の表示は省略できない。
＊3：届け出た特定の保健の目的が期待できる旨のみ。
＊4：栄養素の機能のみ（機能を説明する表示は食品表示基準の別表第 11 に定められている）。
出所）消費者庁：食品表示基準別表第 11 をもとに筆者作成

能性については，科学的根拠を示さなければならないが，必ずしも最終製品（食品）を用いた試験で得られた科学的根拠でなくてもよく，関与成分に関する研究レビュー（既に公表されている学術論文等）で機能性が報告されておればよい*1。なお，特定保健用食品と異なり，疾病リスク低減効果に係る表示は認められていない。

8.7.4 栄養機能食品

栄養機能食品は，栄養成分の補給のために利用される食品であり，栄養成分の機能を表示するものをいう。その表示にあたっては，栄養機能食品の1日当たりの摂取目安量に含まれる当該栄養素量が栄養素等表示基準の範囲内*2であれば，国の許可や届出は不要である（**表 8.14**）。栄養機能を表示できる栄養素は，ミネラル6種類（亜鉛，カリウム，カルシウム，鉄，銅，マグネシウム），ビタミン13種類（全種類）と脂肪酸1種類（n-3系脂肪酸）である。栄養機能の表示は，栄養機能食品（栄養成分ごとに定められた表示*3）として記載する。定められた栄養機能の表示を変更したり，省略したりすることはできない。その他，摂取にあたっての注意喚起などを表示しなければならない。

8.7.5 虚偽誇大表示の禁止

食品は医薬品ではない。そのため，消費者に医薬品と誤認させるような疾病の治療や予防を目的とする効果，身体の組織機能の増強，増進を主たる目的とする効果，さらには体の美化，美容効果を目的とする効果等の医薬品を規定する**医薬品医療機器等法***4 に抵触する表示は認められない。また，健康増進法では著しく事実に相違する表示あるいは著しく人を誤認させる表示（虚偽誇大表示）を禁止している。これは，健康に重大な支障を起こす事態を防止するためである。虚偽誇大表示の対象となるのは，以下に示すような広告その他の表示である。

・商品，容器または包装およびこれらに添付したもの

*1 届出件数は約 5,900 件あるが，このうち最終製品を用いた試験で機能性を評価したものは全体の 5 ％である（2022 年 10 月時点）。

*2 食品表示基準の別表第 11 に示されている下限値と上限値の範囲内。

*3 食品表示基準の別表第 11 に栄養素ごとの栄養機能表示が示されている。

*4 医薬品医療機器等法　医薬品，医療機器等の品質，有効性及び安全性の確保等に関する法律。

・見本，チラシ，パンフレット，説明書面（ダイレクトメール，ファクシミリ
を含む），口頭（電話を含む）等
・ポスター，看板，ネオン・サイン，アドバルーン，および陳列物，実演等
・新聞紙，雑誌その他の出版物，放送等
・インターネット，パソコン通信等

8.8　器具・容器包装の安全性の規格基準と容器包装の表示

8.8.1　器具・容器包装の定義

　食品衛生法では，「営業上使用する器具及び容器包装は，清潔でなければ
ならない。」とされ，人の健康を損なうおそれのある器具・容器包装の販売
や使用を禁止している。すなわち，飲食器や調理器具，食品の製造機器や加
工装置などの器具類，食品を入れる袋やトレイ，ペットボトル，缶，瓶など
の食品や添加物と直接接するすべての物を器具・容器包装として規制の対象
とし，規格・基準を設けて安全性を確保している。

8.8.2　器具・容器包装の規格・基準

　器具・容器包装の規格・基準[*1]は，食品と接触して使用されるすべての器
具・容器包装が対象である。器具や容器包装またはこれらの原材料一般の規
格では，製造に利用される重金属（銅，鉛，スズ，鉛，アンチモン）の含有量
が規制されている。また，器具・容器包装に使用する着色料は食品添加物
（食品衛生法施行規則別表第1掲載品目）であり，溶出または滲出して食品に
混和するおそれのないものとされている。油脂・脂肪含有食品用器具・包装
では，フタル酸ビス（2-エチルヘキシル）を用いてはならない。ティーバッグ，
コーヒーフィルター，ケーキの焼型などに使用したりするものには，古紙原
料の使用が禁じられている[*2]。

　このほか，器具・容器包装の材料や原材料についての材質別規格，用途別
基準や製造別基準もある。

　食品用器具・容器包装については安全性を評価した物質のみを使用可能と

*1 食品，添加物等の規格基準
（厚生省告示第370号）の第3
器具及び容器包装。

*2 古紙に含まれる物質が食品に
混和しないように加工されている
ものは，規制対象外となる。

表8.15　器具・容器包装のポジティブリスト制度の対象となる合成樹脂

	熱可塑性あり	熱可塑性なし
プラスチック	熱可塑性プラスチック ［ポリエチレン ポリスチレン］	熱硬化性プラスチック ［メラミン樹脂 フェノール樹脂］
エラストマー	熱可塑性エラストマー ［ポリエチレンエラストマー スチレン・ブロック共重合体］	

＊ゴム（熱硬化性エラストマー）は，「熱可塑性を持たない高分子の弾性体」として合成樹脂とは区別
し，ポジティブリスト制度の対象外。
出所）厚生労働省 医薬・生活衛生局食品基準審査課：食品用器具・容器包装のポジティブリスト制
度導入についての資料（令和元年）をもとに筆者作成

するポジティブリスト制度が導入されている[*1]。対象物質は，合成樹脂である（表8.15）。紙に使用される合成樹脂でも，ラミネートフィルムのように食品や添加物との接触面に使用されている合成樹脂は対象となる。

8.8.3　食品衛生法で規制されるおもちゃ

食品衛生法では，乳幼児が接触することによりその健康を損なうおそれがあるものとして厚生労働大臣の指定するおもちゃ（指定おもちゃ）[*2]についても食品と同様に規制の対象としている。指定おもちゃは，手にしたものを口に入れたり，舐めたりすることの多い**乳幼児**[*3]に対して，おもちゃに起因する衛生上の危害の防止を図る観点から指定されている。乳幼児が口に接触する可能性のないものは対象外である。指定おもちゃに使用されたすべての材料が規制の対象となり，鉛，カドミウム，ヒ素について規格基準がある。

*2 食品衛生法第68条第1項。

*3 **乳幼児**　児童福祉法等の他法令の規定に準じて，6歳未満の小児を指す。

■ 乳幼児が口や唇に触れて遊ぶ可能性の高いもの

（風船，ぬいぐるみ，折り紙，つみき，がらがら，粘土，人形，知育玩具など）

■ 乳幼児が口や唇に触れて遊ぶように作られたおもちゃ

（笛，ラッパ，電話玩具，ままごと玩具，シャボン玉吹き出し器など）

■ 乳幼児用のアクセサリー玩具など

（カチューシャ，耳つきヘアバンド，指輪など）

8.8.4　器具・容器包装の識別表示

資源有効利用促進法では，再生資源として有効利用することを目的として分別回収するための表示をすべき製品を指定表示製品として定めている。このうち，食品に関連するものとしては，①スチール缶（飲料または酒類用），②アルミニウム缶（飲料または酒類用），③PET[*4]ボトル（飲料，しょうゆまたは酒類用），④紙製容器包装，⑤プラスチック製容器包装（飲料，しょうゆまたは酒類用以外のPETボトルを含む）が指定表示製品となっている。識別表示する際の基本とすべき識別マークの

*4 PET　ポリエチレンテレフタレート（polyethylene terephthalate）。

表8.16　容器包装識別マーク

	識別マーク
①スチール缶（飲料，酒類用）	
②アルミ缶（飲料，酒類用）	
③PETボトル（飲料，しょうゆ，酒類用）	
④紙製容器包装	
⑤プラスチック製容器包装（③以外のPETボトルを含む）	

出典）農林水産省：〈容器包装の識別表示について〉識別表示の表示方法にあるPOINT 1の表をもとに筆者作成

表8.17　プラスチック製容器包装の材質表示

	樹脂記号
アクリロニトリル-ブタジエン-スチレン樹脂	ABS
ポリカーボネート	PC
ポリエチレン	PE
ポリブチレンテレフタレート	PET
ポリプロピレン	PP
ポリスチレン	PS
ポリ塩化ビニル	PVC
ポリ塩化ビニリデン	PVDC

出典）農林水産省：〈容器包装の識別表示について〉一括表示とプラスチックの材質表にあるPOINT 7の表をもとに筆者作成

＊詳しくは，一般財団法人食品産業センター（農林水産省）「食品関連事業者のための容器包装識別表示ガイドライン」を参照。

様式が省令で定められており，個々の容器包装ごとに見やすい場所に識別表示をすることが原則である（**表8.16**）＊。また，プラスチック製容器包装については，識別マークの近くに材質表示を行うことが望ましいとされている（**表8.17**）。

【参考資料】

国税庁：食品表示法における酒類の表示のQ & A

　https://www.nta.go.jp/taxes/sake/hyoji/shokuhin/sakeqa/3007.pdf（2023.8.13）

消費者庁：食品表示基準について

　https://www.caa.go.jp/policies/policy/food_labeling/food_labeling_act/assets/food_labeling_cms201_230309_06.pdf（2023.8.13）

消費者庁：食品表示基準Q & A

　https://www.caa.go.jp/policies/policy/food_labeling/food_labeling_act/assets/food_labeling_cms201_230331_01.pdf（2023.8.13）

消費者庁：加工食品の表示に関する共通Q & A（第2集：消費期限又は賞味期限について）

　https://www.maff.go.jp/j/jas/hyoji/pdf/qa_ka_2_h2304.pdf（2023.8.13）

消費者庁：〈事業者向け〉食品表示法に基づく栄養成分表示のためのガイドライン

　https://www.caa.go.jp/policies/policy/food_labeling/nutrient_declearation/business/assets/food_labeling_cms206_20220531_08.pdf（2023.8.13）

演習問題

問1　食品の栄養成分表示に関する記述である。誤っているのはどれか。1つ選べ。

（第31回管理栄養士国家試験）

（1）栄養成分の含有量は，1食分でも表示できる。

（2）熱量，たんぱく質，脂質，炭水化物，食塩相当量の順に表示する。

（3）数値が基準より小さい場合でも，「0」と表示することはできない。

（4）「ひかえめ」は，「低い旨」の強調表示である。

（5）「豊富」は，「高い旨」の強調表示である。

解答　（3）

p. 138「8.6.1 栄養成分表示の義務表示」，p. 140「図8.7 栄養強調表示（相対差）」，p. 140「表8.12 栄養強調表示（絶対差）」を参考

問2　食品のアレルギー表示に関する記述である。正しいのはどれか。1つ選べ。

（第29回管理栄養士国家試験）

（1）さばを原材料とする食品には，表示が義務づけられている。

（2）落花生を原材料とする食品には，表示が奨励されている。

（3）特定原材料であっても，表示が免除されることがある。

（4）一括表示は認められていない。

（5）「アイスクリーム」は，乳の代替表記として認められていない。

解答　（3）

p. 130「表8.4 特定原材料および特定原材料に準ずる原材料」，p. 131「8.3.3 特定原材料」を参考

問3　表示食品に関する記述である。正しいのはどれか。1つ選べ。

（第31回管理栄養士国家試験）

（1）特別用途食品の1つとして位置付けられている。

（2）機能性及び安全性について国による評価を受けたものではない。

（3）販売後60日以内に，消費者庁長官に届け出なければならない。

（4）疾病の予防を目的としている。

（5）容器包装の表示可能面積が小さい場合，栄養成分表示を省略できる。

解答　（2）

p. 141「8.7.3 機能性表示食品」を参考

問4　特定保健用食品に関する記述である。正しいのはどれか。1つ選べ。

（第31回管理栄養士国家試験）

（1）特定保健用食品の許可基準は，食品衛生法に基づいている。

（2）錠剤型，カプセル型をしていない食品であることが求められる。

（3）「高コレステロール血症のリスクを低減する」との表示が許可されている。

（4）安全性を評価するヒト試験は，消費者庁が行う。

（5）規格基準型特定保健用食品は，消費者庁事務局の審査で許可される。

解答　（5）

p. 141「8.7.2 特定保健用食品」を参考

執 筆 者

後藤　裕子　独立行政法人労働者健康安全機構日本バイオアッセイ研究センター試験管理部
　　　　　　分析室主任研究員（4.7.2, 4.7.3, 5.2〜5.6）
鈴木　智典　東京農業大学生命科学部分子微生物学科教授（3.1〜3.2, 4.2〜4.4）
関戸　元恵　山梨学院短期大学食物栄養科講師（7）
丹羽　光一　東京農業大学生物産業学部食香粧化学科教授（4.6, 4.10）
三浦紀称嗣　川崎医療福祉大学医療技術学部臨床栄養学科助教（6）
＊宮田　恵多　山梨学院大学健康栄養学部管理栄養学科准教授（1, 4.1, 4.7.1, 5.7）
宮田　富弘　川崎医療福祉大学医療技術学部臨床栄養学科教授（8）
武藤　信吾　鎌倉女子大学家政学部管理栄養学科講師（2.7, 3.3, 4.5, 4.8〜4.9）
村松　朱喜　昭和女子大学食健康科学部健康デザイン学科准教授（2.1〜2.6, 5.1）

（五十音順，＊編者）

食品安全・衛生学

2023年9月5日　第一版第一刷発行　　　　　　◎検印省略

編著者　宮 田 恵 多

発行所　株式
　　　　会社 学 文 社　　　郵便番号　　　　153-0064
発行者　田 中 千 津 子　　東京都目黒区下目黒3-6-1
　　　　　　　　　　　　　電　話　03(3715)1501(代)
　　　　　　　　　　　　　https://www.gakubunsha.com

©2023 MIYATA Keita　　　　　　　　　　　　Printed in Japan
乱丁・落丁の場合は本社でお取替します。　　印刷所　新灯印刷株式会社
定価はカバーに表示。

ISBN 978-4-7620-3249-3